在家
学烘焙

杨桃美食编辑部 主编

江苏凤凰科学技术出版社　凤凰含章

CONTENTS

目录

中式点心篇

烘焙材料做料理篇

备注：全书1大匙（固体）≈15克
　　　1小匙（固体）≈5克
　　　1杯（固体）≈227克
　　　1大匙（液体）≈15毫升
　　　1小匙（液体）≈5毫升
　　　1杯（液体）≈240毫升

烘焙一点都不难，想吃什么自己做

烘焙真的很困难吗？！可别被烘焙复杂的做法给吓到了。其实只要有技巧，烘焙可是比一般料理更简单、更容易成功。因为料理通常需要靠经验来判断，而烘焙的分量、时间、温度都有一定的标准，只要照着做，想失败都很困难。

由于烘焙的知识很多，是一个让新手却步的门槛，因此我们特地整理出200多种烘焙必学的项目，搭配详细的技巧解说与疑难问答，将你困扰的问题一次解决。

本书将内容分类为面包、土司、蛋糕、饼干、西点、中点；再细分21个小篇章，分门别类、详细解说，每种都从最基础入门开始再进阶变化，即使是烘焙新手也能轻松掌握。

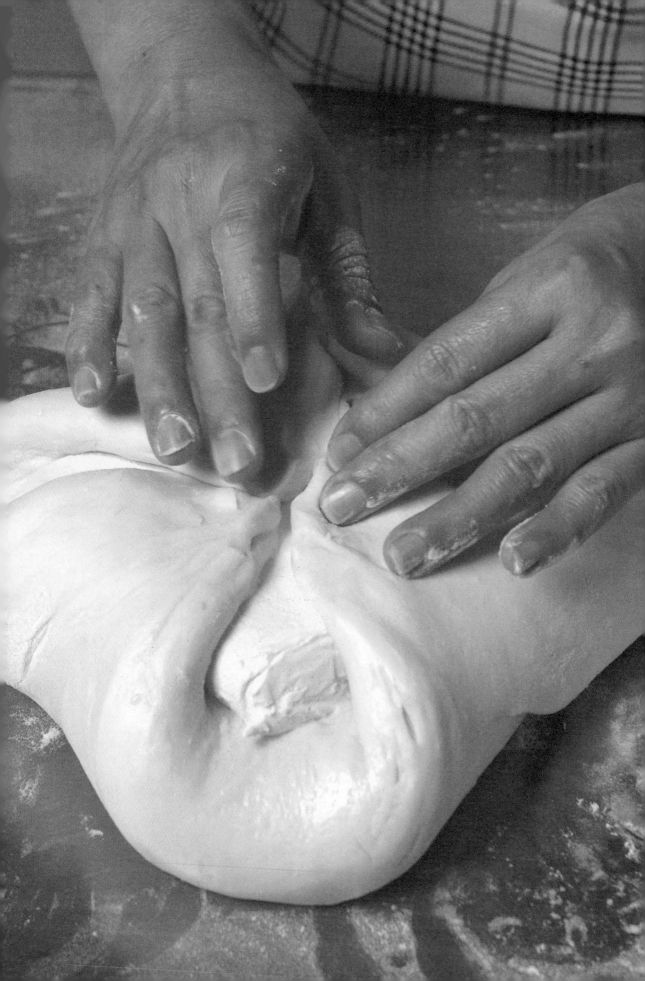

准|备|篇

烘焙必备器具
about THE EQUIPMENTS

磅秤 Scale

称量材料重量的工具，使用时需置放于水平桌面。传统式磅秤价格较电子秤便宜，但较难以准确量出微量材料，电子秤在操作上则较为精准方便，最低可称量至1克。

量匙 Measuring Spoon

通常1组至少有1大匙、1小匙及1/2小匙3种规格。1大匙为15毫升，1小匙为5毫升，方便手工操作时称量微量粉料或液体，如泡打粉、香精等材料。不锈钢材质量匙较为实用，可量取热水及柠檬汁等酸性材料。

量杯 Measuring Cup

1杯的标准容量为236毫升，可量取面粉或水、牛奶等液体。一般有玻璃、铝、不锈钢及压克力等材质制品，使用时需置于水平面检视，才能准确测量分量。

电动搅拌机 Electric Mixer

电动搅拌机的速度与搅拌头可以调整，会比自己动手搅拌更省时省力，容易控制面糊状态，当然用家用小台的搅拌机也很方便。

打蛋器 Whisk/Whipper

搅拌打发或拌匀材料，最常用的有直型、螺旋型及电动打蛋器。直型打蛋器用途最广，可打蛋、拌匀材料及打发奶油、鲜奶油等，钢圈数愈多愈易打发；螺旋型打蛋器则适合于打蛋及鲜奶油；电动打蛋器最省时省力。

抹刀＆切面刀 Palette Knife & Dough Scrape

抹刀为无刀锋的圆角刀，专为蛋糕糕点涂抹鲜奶油或其他装饰之用，配合欲装饰甜点大小，抹刀亦有多种长度大小可供选用。切面刀则专门用来切割面团，亦可帮助面团或派皮等材料混合时的操作。

毛刷 Pastry Brush

主要作为沾取蛋汁刷于成品表面之用，亦可用来刷除面团上的面粉或刷油之用，利用塑料或天然动物毛所制成，以动物毛刷较为柔顺好用，亦有以排笔代替使用者，使用后必须洗净干燥保存。

擀面棍 Rolling Pin

最常见的擀面棍有直型及含把手型等，主要是将面团、面皮擀成适当厚薄之用，使用后必须洗净并干燥保存。

烘焙器材琳琅满目，对于初学者实在是一大考验，因为即使选定了初次尝试的目标，但还是不知道要准备哪些器具。为了解决你的烦恼，以下便为您介绍近30款最基本的烘焙器具，清楚的图文解说，让你再也不会摸不着头绪。

准备篇
面包篇
土司篇
蛋糕篇
饼干篇
西式点心篇
中式点心篇

橡皮刮刀&木匙
Rubber Spatula & Wooden Spatula

橡皮刮刀具弹性，常用来拌匀材料或搅拌面糊，可以将沾留于容器内的材料轻松刮除。木匙则用于搅拌有热度的馅料或材料，亦可作为煎铲使用。

小筛网Sieve

主要用于将粉料过筛使之均匀，另外也常用来过滤液体以滤除杂质或气泡，使成品质地细致均匀。网目较细的滤茶器还具有过筛糖粉装饰成品的用途。

滤网、筛网Strainer

其主要功能为压滤材料，例如将蒸熟的土豆利用木匙压滤过后，即为细致的土豆泥，亦可利用此法压滤水果果泥，或者作为一般的筛网来过筛粉料等使用，有不锈钢及竹制产品。

凉架Cooling Rack/ Invert Rack

放置刚出炉的烘焙成品以待其冷却的凉架，因成品含有水分，所以必须垫高隔离桌面保持通风，具有加速冷却以及散发水气的功能，蛋糕凉架分为插入式及平放式两种。

榨汁器Juicer

用来榨汁取得果汁之用，只要将柠檬或柳橙等水果切半，即可旋转压挤出水果原汁，并滤除水果种子，对于制作糕点需使用少量果汁时十分便利。

容器Mixing Bowl

打蛋或拌匀盛放材料的容器，一般以不锈钢及玻璃制品使用率较高，必须选择圆底无死角的圆盆，在操作时较为方便实用。

重石Pie Weights

铝制品，专门用来铺垫于生派皮或塔皮上一起入烤箱烘焙，以避免派皮或塔皮因烤焙而过度膨胀变形之用，亦可用红豆、黑豆等替代，但效果不如重石佳。

挤花袋&挤花嘴
Pastry Bag & Nozzle

最常用来装填鲜奶油作蛋糕甜点的挤花装饰，以及泡芙、小西饼等的整形制作，西点面包的馅料填塞也多利用挤花袋来完成。挤花嘴则有各种大小及花样，可配合挤花袋做出各种装饰图样。

面团发酵布
Dough Mat

为树脂制的垫布，在制作饼干时，可将面团直接包起置入冰箱，取出后只要摊开即可直接擀制操作；亦可将发酵布铺置固定于台面，即为干净的操作台面，对于面包及饼干、派皮、塔皮等的制作十分便利。

烤盘垫纸
Baking Paper

烘焙中西点心时，用来衬垫于烤盘上以隔绝食物与烤盘直接接触的垫纸，可利用市售专用的烤盘垫纸，或者铝箔纸、白报纸等均可。

圆形蛋糕模型
Round Pan

使用率最高的蛋糕模型，有一体成型以及底盘与模身分开的活动式模型两种。有各种大小尺寸，材质亦有铝、不锈钢、纸制等。除蛋糕外，亦可制作冷冻甜点、面包等糕点，但纸模不适合盛装水分含量较高的点心。

温度计Thermometer

烘焙用温度计大多用在测量油温、水温、面团发酵温度及融煮巧克力或糖浆时经常使用，测量温度范围至少需要在0~200℃，甚至达300℃才足够使用。

戚风中空模型
Ring Mould

适合制作面糊体积膨胀较大的戚风蛋糕，模型的中空处理可让面糊依附而上，并且在出炉后体积不会急速缩小，亦有各种材质及尺寸可供选择，以活模型在使用上较为方便。

槽状模型Loaf Pan

长条形状的模型，适合制作磅蛋糕、小型土司面包以及长条外形的羊羹、萝卜糕、冰淇淋蛋糕等。如要制作土司，另有专用的带盖土司模，烤焙时需盖上盖子以烤出平整的平顶土司。

派盘&馅饼模型
Pie & Tart Pan

为一圆形平盘，为了能填入馅料，馅饼模型侧边会有一定高度并与底部垂直，为利于脱模，亦有活式模型。派盘则是底部略小于整个面积、一体成型的浅盘，稍倾斜即可轻易将成品滑出脱模。

烤杯模型Baking Cup

此款容量小的烤模，适合于烤焙马芬蛋糕、杯子蛋糕之类的小型糕点，纸杯烤模用后即可丢弃，美观又方便。亦有矽胶、铝或不锈钢烤杯可重覆使用，金属烤杯又可充当果冻模型使用。

蛋奶酥模型
Souffle Dish

　　蛋奶酥(souffle)专用模型，为陶瓷制品，模型侧边必须与底部垂直，面糊才能直顺而上达到最佳的膨胀效果，亦可作为烤布丁模型用，亦有耐热玻璃制品。

饼干模型
Cookie Mould

　　饼干模型种类有金属制及压克力树脂制，在造型及功能上也各有不同。最常用的有将面团擀压成面皮后，再利用饼干模压出饼干外形的，也有将面团填入压挤出立体形状的饼干模型，可依需要选择适合的模型使用。

巧克力模型
Chocolate Mould

　　多为树脂加工材质制品，类似于制冰盒般有各种造型的凹槽，可将溶化的巧克力溶液倒入静置待其冷却定型，脱模扣出即为各种造型的巧克力。

烧烤模 Baking Mould

　　以铝合金或铸铁材质制成的烧烤模型，需直接置于炉火上加热使材料烤熟。市面所售烧烤模多以日式烧烤制品为主，如章鱼烧烤盘、鲷鱼烧烤盘、车轮饼烧烤盘等，不沾涂层处理材质在使用时则要特别留意避免刮伤。

布丁果冻模型
Pudding & Jelly Cup

　　模型为了不使焦糖在布丁倒扣后流失，故其底部为平底设计。而果冻模为求晶莹透明的反射效果，通常都有波浪纹路，造型变化较布丁模型多，两者材质皆以铝、不锈钢为多，亦有压克力制品。

咕咕洛夫模型
Kugelhopf

　　咕咕洛夫模型，此模型是铁弗龙材质，已经可防止沾粘，所以使用时可直接将面糊装入，不需再涂油撒粉。

矽胶模型
Silicon Mould

　　矽胶模型是软材质，可耐热也可耐冻，最高温可至300℃，低温至零下30℃，制作时直接将面糊装入凹槽内烘焙即可。

研磨器 Grater

　　表面具有许多不同大小的孔洞，可作为刨丝、磨皮及磨泥之用，例如刨萝卜丝、乳酪丝、研磨取得柠檬皮或者磨苹果泥，以不锈钢制品材质较为坚硬好用，并可避免酸性腐蚀。

烘焙必备材料
about THE INGREDIENTS

面粉及全麦面粉
Flour & Whole Wheat

制作糕点的主成分之一，常见的有高筋、中筋、低筋及全麦面粉。高筋面粉适合制作面包、面条，中筋适合制作包子、馒头，低筋则多用来制作蛋糕、饼干。全麦面粉含有胚芽麸皮，常用来制作全麦面包及饼干。

粘米粉 Rice Powder

将籼米碾磨成粉的制品，因为粘性较小，常用来制作如萝卜糕、河粉等蒸煮后组织较为松散的糕点制品。

木薯粉 Tapioca

为木薯根部研磨提炼而成的淀粉，但市面上亦有部分是以土豆提炼而成，需辨识清楚。利用木薯粉制作的成品具Q粘弹性，如娘惹糕、芋圆等。

玉米粉 Corn Starch

由玉米提炼出的淀粉，与澄粉相同，在调水加热后具有胶凝特性，经常用于制作西点的派馅、奶油布丁馅。

澄粉 Flour Starch

即为小麦淀粉，为不含蛋白质的面粉，成品具透明性，经常用来制作虾饺、水晶饺等中式点心。

盐 Salt

主要具有调和甜味或提味作用，一般使用精制细盐，制作面包面团时加入少量盐，还具有增加面粉粘性及弹性的作用。

糖粉 Powdered Sugar

为颗粒研磨得最细的糖类，除了作为成品的甜味来源，还可作为奶油霜饰或撒于成品上作为装饰用。成品若需久置，则必须选用具有防潮性的糖粉，以免吸湿。

细砂糖 Sugar

为西点制作不可缺少的主原料之一；除了增加甜味，柔软成品组织，在打蛋时加入也具有帮助起泡的作用。

对于中西点心的初学者而言，最令人望之却步的，莫过于一个比一个陌生的烘焙材料。为什么面粉还分成高筋与低筋？奶粉和和牛奶作用又有什么不同？如果你的心中也有这些疑惑，以下为你介绍近50种基础烘焙材料，绝对能让你轻松悠游烘焙世界。

准备篇
面包篇
土司篇
蛋糕篇
饼干篇
西式点心篇
中式点心篇

红糖 Brown Sugar

又称黑糖，含有较浓郁的糖蜜及蜂蜜香味，使用于某些风味独特或颜色较深的糕点产品，例如黑糖糕、黑糖浆。一般常见为粉末状，亦有块状红糖。

泡打粉 Baking Powder

俗称发粉，是一种由小苏打粉再加上其他酸性材料所制成的化学膨大剂，溶于水即开始产生二氧化碳，多使用于蛋糕、饼干等西点配方中。

小苏打粉 Baking Sod

为化学膨大剂之一种，适合使用于巧克力或可可蛋糕等含酸性材料较多的配方中，但若用量过多会产生碱味。

镜面果胶 Pectin

是一种植物果胶，可直接涂抹于蛋糕等甜点表面，形成一层光亮胶膜，具有增加光泽、防潮及延长食品保存期限的功能。

干酵母 & 新鲜酵母
Dry Yeast &Compressed Yeast

酵母为一种单细胞真菌，加入面团中发酵可产生气体使面团体积膨胀，并产生特殊风味。使用时新鲜酵母用量为酵母粉的2倍，应密封置于冰箱冷藏保存。

琼脂 & 琼脂粉 Agar

市售的琼脂有条状与粉状两种，是一种由藻类提炼而成的凝固剂。使用前必须先浸泡冷水，可溶于80℃以上的热水，成品口感具脆硬特性，在室温下不会溶解。

吉利丁片 & 吉利丁粉
Flour & Whole Wheat

又名动物胶或明胶，是一种由动物的结缔组织中提炼萃取而成的凝结剂，颜色透明，使用前必须先浸泡于冷水，可溶于80℃以上的热水。溶液中若酸度过高则不易凝结，成品必须冷藏保存，口感具极佳韧性及弹性。

吉利 T & 果冻粉
Jelly T & Pearl Aga

两个性质相似，皆呈白色粉末状的植物性凝结剂，使用前必须先与砂糖干拌以避免结块，可溶于80℃以上的热水。成品在室温下即可结冻，透明度佳，成品口感介于琼脂与吉利丁之间，另有蒟蒻果冻粉，口感则更为Q韧。

果酱Jam

果酱可用于蛋糕或西饼夹馅，或者作为蛋糕体之间的接着剂，如瑞士卷。果酱加少许水或柠檬汁稀释煮开后，亦可涂抹于甜点表面的亮光胶，作为镜面果胶的代用品。

蜂蜜Honey

由花粉中提炼出来的浓稠糖浆，具有特殊甜味以及黏稠的特性，制作蛋糕及饼干时经常添加以增加产品风味，遇冷时会结晶，必须以常温保存。

鸡蛋Egg

西点中不可缺少的主材料之一，具有起泡性、凝固性及乳化性。须选择新鲜的鸡蛋来制作，一般配方中以中等大小的鸡蛋为选用原则。

奶油Butter

从牛奶中所提炼而成的固态油脂，是制作西点的主要材料之一，通常含有1%～2%的盐分，有时候作特定西点时才会使用无盐奶油。奶油可使甜点组织柔软，增强风味，需冷藏或冷冻保存。

白油Shortening

俗称化学猪油或氢化油，乃仿照猪油性质氢化制成无臭无味的白色固态油脂。可代替奶油或猪油使用，或作为烤盘模型抹油，冬天可置于室温保存，夏天则收藏于冷藏库即可。

酥油＆乳玛琳
Butter Oil & Margarine

酥油种类甚多，一般常用的是利用氢化白油再添加黄色素及奶油香料所制成的，价格比奶油便宜，被大量用来代替奶油使用。乳玛琳即人造植物油，亦可代替奶油使用，另有起酥玛琪琳，多用于制造起酥类等多层次的面包产品。

色拉油Oil

由大豆提炼而成透明无味的液态植物油，经常使用于戚风蛋糕及海绵蛋糕的制作，但不适合添加于其他的烘焙产品。色拉油若与白油以1:3的比例混合，则可代替猪油的效果。

牛奶Milk

可用鲜奶或利用奶粉充泡还原为牛奶使用，亦可将蒸发奶水兑水后代替使用，三者之中仍以鲜奶风味最佳。

奶油乳酪
Cream Cheese

为未成熟的新鲜乳酪，含有较多的水分，具浓郁的奶酪味及特殊酸味，经常用于制作奶酪类西点蛋糕，必须置于冷藏保存。

酸奶Yogurt

酸奶为牛奶再经乳酸菌发酵而成的乳制品，具有独特的乳酸味，唯市面上所售酸奶口味众多，制作糕点时最好选用原味酸奶。

马士卡彭奶酪
Mascarpone Cheese

产于意大利的新鲜乳酪，其色白质地柔软，具微甜及浓郁的奶油风味，为制作意式甜点提拉米苏的主要材料，需置于冷藏库保存。

鲜奶油Whip Cream

分为动物性和植物性鲜奶油，含有27%~38%不等的乳脂肪，拌打后可成为稳定泡沫，具浓郁乳香。动物性鲜奶油适合用于制作冰淇淋、慕斯等；植物性鲜奶油则适合用来装饰挤花，依指示需冷藏或冷冻保存。

咖啡粉Coffee Powder

自咖啡豆中萃取而成的干燥颗粒，用于制作各种咖啡风味的糕点，如咖啡戚风、咖啡冻、冰淇淋等。加入材料前必须先溶于热水，以利于与其他材料融合。

巧克力Chocolate

自可可豆提炼而成，烘焙上使用以苦甜巧克力、白色的牛奶巧克力，以及调味的草莓、柠檬、薄荷巧克力等为主。隔水加热至50℃即可溶化，亦可削出薄片作为蛋糕上的装饰。

巧克力豆

巧克力豆是将巧克力作成小水滴状，具有浓厚的巧克力风味。用于制作面包时，可添加在面团中增加口感与香味。

软质巧克力片

制作大理石面包时使用，包裹在白面团内，呈现双色的纹路，混合巧克力与原味双重口感。

about THE INGREDIENTS

香草Vanilla

香草精(Vanilla Extract)和香草粉皆是由香草豆所提炼而成的香草香料。香草精又有天然和人工两种，其作用为增加成品的香气、去除蛋腥味，由于味道香浓，使用时不可过量。香草棒则必须与液体一起熬煮才能释出香味。

绿茶粉
Green Tea Powder

为100%由绿茶研磨而成的绿茶粉末，略带苦味，加入糕点中可使其具有绿茶风味，不可使用含糖或奶精调味过的即溶绿茶粉。

可可粉Cocoa Powde

由可可豆脱脂所研磨制成的粉末，为制作巧克力风味甜点的原料，制作时应选用不含糖、奶精的100%可可粉，使用前需先溶于热水再拌入其他材料中，亦可撒在糕点上作为装饰用。

肉桂粉&肉桂棒
Cinnamon

又称玉桂粉，属月桂科常绿植物，取其树皮干燥研磨成粉即为肉桂粉。具有特殊香气，时常添加于苹果类、土豆糕点以及咖啡中，或者撒于甜甜圈上。

威士忌Whisky

由小麦等谷类发酵酿造制成的蒸馏酒，酒精浓度达40%，即使经过烘焙仍能保留酒香。适量加入材料中或涂抹于烤好的蛋糕体上，可提升甜点的风味，白兰地亦有相同效果。

咖啡利口酒
Coffee Liqueur

香甜酒的一种，含有咖啡豆风味的蒸馏酒，制作提拉米苏或其他咖啡风味甜点时经常使用，亦可作为调酒或加入咖啡、淋酱之用。

朗姆酒Rum

由蔗糖再发酵蒸馏而成的蒸馏酒，酒精浓度达40%，颜色呈琥珀色，具有浓烈的甜味芳香。经常被加入糕点中增加香气，或者用来浸泡葡萄干等干制水果以赋予酒香。

香甜酒Fruit Liqueur

又称利口酒，是利用水果、种子、植物皮或根以及香草、香辛料等在酒精中浸酿蒸馏，再增加甜味而成。经常使用于糕点中以突显风味，常使用的有柑橘酒、樱桃酒、覆盆子甜酒等，亦可作为饭后酒。

果粒&派馅水果罐头
Fruits in light syrup & Pie Filling

分为拌入材料及夹馅用两种，前者常用的有小蓝莓及黑樱桃罐头，内含果粒及果汁；夹馅用水果罐头，用于直接夹馅或浇淋装饰于甜点表面，常用的有小蓝莓及红樱桃，糖度较高。

樱桃&水蜜桃罐头
Canned Cherry & Peach

樱桃罐头多用于装饰糕点或作为水果塔材料之一，为染色后的糖渍品，有绿色和红色两种。水蜜桃罐头则经常用于水果蛋糕的夹层或表面装饰用。

葡萄干&红桑椹
Rasine & Mulberry

此类干制水果是西式糕点里经常出现的副材料，适时添加可丰富糕点风味及口感。通常会事先浸泡于水或洋酒中以补充水分，在面糊或面团即将搅拌完成时再加入拌匀即可。

什锦水果蜜饯
Mixed Dry Fruits

取柠檬皮、橘皮、樱桃干等糖渍而成，是制作乡村面包、圣诞面包、水果蛋糕不可缺少的风味材料，使用前不需再泡水，直接加入材料中。

杏仁角&杏仁粉
Chopped Almond & Almond Powder

杏仁角经常用于西饼、巧克力的制作以及蛋糕侧边的装饰；杏仁粉则可直接加入材料中制作杏仁口味的蛋糕，以及杏仁豆腐等中式点心。

核桃Walnut

西点常用的坚果类之一，使用前可先入烤箱烤熟风味较佳。使用时多切碎拌入主材料中，以制作核桃口味的糕点面包，亦可作为装饰之用。因含有较多油脂容易氧化，保存时需注意密封冷藏。

腰果&松子
Cashew Nut & Pine Nut

中式点心较常使用的坚果类，前者为美洲的热带植物所产果实，后者为松树果实内的种子胚乳，两者经常用于烘焙作为装饰或馅料材料，或者单独烤烘后作为零食食用。

杏仁豆&杏仁片
Shelled Almond & Flaked Almond

杏仁豆有整颗或片状、颗粒状及粉末状，整颗杏仁适合作为装饰用；杏仁片则常用来制作饼干或磅蛋糕的表面装饰，最好以冷藏保存以免氧化。

烘焙必备常识 Q&A

Q01uestion 为什么面粉分高筋、中筋、低筋，三者有何不同？

烘焙材料种类繁多，光是面粉就有高筋、中筋、低筋之分，另外还有全麦粉、裸麦粉等种类。一般制作蛋糕、饼干及中式点心的油酥，都是用筋度较低的低筋面粉，而中筋面粉就常使用于包子、馒头等发面制品，以及水饺皮、油皮、面条、西点的派皮；高筋面粉因为筋度最高，在搓揉成团后可产生面筋以包覆酵母释出的二氧化碳，适合用来制作面包类产品。了解了各种面粉的特性，下次再遇到没有清楚注明的食谱，你马上就能知道该用哪一种面粉了。

Q02uestion 食谱中常有3克、5克的材料，该怎么称量？液体又要怎么量才准确？

西点配方中，如泡打粉、酵母粉、小苏打粉等膨大剂，以及香料、香精等，都是仅使用微量就能达到效果，添加太多反而会使风味变差或者组织口感不良。像这一类仅使用少量的材料，粉类的话可以利用量匙来量取，像泡打粉、盐等干料，1小匙约为5克，但切记不得挤压材料并要将满出的粉料刮除才精准。另外像液体，少量的话可以用量匙来量，以水或牛奶而言，1小匙即为5毫升等于5克。如果用量在50毫升以上，只要将透明量杯置于水平桌面，并以与液面同高的水平角度来观测液体是否刚好到达指定刻度，这才是正确的称量方式。

Q03uestion 可以将材料放入烤箱后，再开始加热吗？

如果等到面糊都拌好，面团都二次发酵完成了，才开始预热烤箱，或者将东西放入烤箱直接调至定温加热，这两种都是错误的方法。像面糊和面团类的产品，最重要的就是加热时机。因为面糊自拌好之后就会逐渐开始消泡，所以无论是在烤箱内等待加温或者是待烤箱预热到定温再放进去烤，蛋糕都会无法顺利膨胀而不发，甚至会产生沈淀。而面团在最后发酵完成后，如果不立即入烤箱烘烤，面团在室温下也会开始皱缩，如果放在发酵室不取出，却又会发酵过度。所以由此可知，在开始进行糕点的制作时，要记得先预热烤箱，才不会功亏一篑。

Q04 制作西点时，很多材料都要打发，此时应选用什么形状或材质的容器比较适合？

西点中除了面包以外，几乎每一道都有至少一项材料要打发，如蛋清、全蛋、奶油以及鲜奶油，就是最常见需要打发的材料。打发和拌匀不同，是需要借由打蛋器不断地搅打拌入大量空气，使材料体积膨胀或材质柔软的重要步骤。此时若是用有死角的容器来盛装，就会有很多材料积在边缘角落而无法被打发，所以应该使用圆底而有深度的不锈钢盆或玻璃盆。像铝及塑料材质在打蛋器拌打磨擦的过程，容易使容器材质刮落融入材料中，会对人体会造成不良的影响。

Q05 发粉和酵母粉有什么不同吗？做馒头用的发粉和蛋糕用的一样吗？

酵母是一种单细胞真菌，在充分的温度及营养条件下，可以吸收外面的养分进行发酵作用，慢慢释放出二氧化碳使面团膨胀，而泡打粉则是化学物质，遇水便开始快速地释放出二氧化碳。另外，就面团和面糊本身的成分而言，因为在制作蛋糕时通常都含有大量的油分和糖分，对于有生命的酵母而言，是无法生长繁殖的环境；再者面糊质地过稀，也无法保留住酵母慢速释放出的二氧化碳，而高糖高油却不会对发粉造成任何影响，只要有足量的水和温度便可作用。所以说面团适合于酵母发酵，而蛋糕面糊则使用发粉、小苏打粉等化学膨大剂较为有效。

Q06 吉利丁、吉利T和果冻粉、琼脂粉有什么差异，应该如何使用？

这些都是属于凝固剂，除了吉利丁是自动物的皮、筋或骨骼提炼萃取出来的物质，其余三种都是自海藻等植物萃取而成的。吉利丁制作的产品弹性较佳，琼脂制品则口感脆硬，吉利T（又称Jelly T）和果冻粉相似，成品质地稍软，口感介于吉利丁与琼脂成品之间，极适合用来制作果冻。以上凝固剂，都有遇热水即凝结的特性，所以必须先与砂糖拌匀再加入冷水溶化，煮到约80℃完全溶化后再冷却，即可达到结冻的效果。

吉利丁又分为粉状及片状，粉状吉利丁在使用前必须先浸泡于5倍的冷水中，吉利丁片则需浸泡于冰水中泡软，取出后挤干水分后方可使用。品质较差的吉利丁粉会带有腥味，而吉利丁片则没有腥味，选用时必须留意。

Q07 制作发酵面团时，应该如何判断是否发酵完成？

面团发酵对于面包的品质口感影响很大，通常面团会二次发酵，第一次称为基本发酵，必须置于27~28℃，湿度约为75%的密闭环境中。待面团体积膨胀至原先的2倍，此时可以将手指沾上面粉，往面团中央轻轻戳入一个洞，若面团很快地又回复原状，则代表发酵不足；相反的，若四周面团很快地塌陷收缩，则已经发酵过度；最理想的状态则是面团既不弹回也不收缩，维持手印的凹入形状，这就代表发酵完成。面团整形后所进行的第二次发酵，即为最后发酵，只要见面团已膨胀为原先的2倍，就代表发酵完成，可以尽快入烤箱烤焙。

Q08 我家的烤箱虽然有上下火开关，却不能个别调整温度，但食谱上却注明上下火温度不同，应该怎么调整呢？

依各种产品的特性不同，有时候便有这种上下火不同温度的烤法，专业的烤箱当然可以个别调整，但一般家庭用烤箱就没有了。此时我们可以稍微变通一下，如果是下火温度比较高的产品，烤的时候可以将温度设定在上下火温度之间，再将烤架移到靠近下火的下层；反之，上火温度比较高的话，就将烤架往上移，这样即使上下火不能各自调整温度，也可以烤焙出不错的成品。

Q09 为什么我打蛋的时候，蛋都不易打发？

一般而言，鸡蛋都会贮放在冰箱冷藏保鲜，但是温度太低会影响蛋的打发效果，做出来的蛋糕口感组织便不是那么理想了。为了避免这种情况，在制作之前就必须先将蛋置于室温下回温。

在制作全蛋式海绵蛋糕时，因为全蛋在38℃左右时可以打出最浓稠稳定的泡沫，所以蛋自冰箱取出后，要置于室温下回温，在搅拌打发时还必须移至炉火上加温才行；如果制作时是采取分蛋法，也就是将蛋清和蛋黄完全分开处理打发的，因为蛋清极容易起泡，而其最适合起泡的温度是17~22℃，在这个温度所打出来的泡沫体积最大且稳定，所以这时我们只要将蛋清稍微回温即可。

Q10 常常分蛋时，蛋清蛋黄分得满手都是，有没有什么好方法呢？

制作蛋糕时，经常会碰到要将蛋黄和蛋清分开处理的情况，像戚风蛋糕、天使蛋糕以及分蛋式海绵蛋糕等等，会需要将蛋黄和蛋清分别打发的原因，在于蛋清一遇到油脂以及水气，都会破坏其胶凝性而使蛋清无法成功地打发，进而影响蛋糕的成败。所以我们在打蛋清时，盛装的容器都必须干净无油无水才可以。至于分蛋方法，一般最为简便迅速的，就是将蛋壳敲分成两半，直接利用蛋壳将蛋黄左右移动盛装，蛋清自然而然就会流到下面的容器中，蛋壳中便剩下沥除蛋清的蛋黄。要是担心将蛋黄弄破，市面上还有一种分蛋器，只要将整颗蛋打入分蛋器中，蛋清就会自动沥除，而留下一颗完整的蛋黄，也是一种很便利的工具。

Q11 天气冷时奶油软化速度很慢，有没有加快软化的方法呢？

奶油和蛋一样，都是必须贮存在冰箱的新鲜材料，而奶油冷藏或冷冻后，质地都会变硬，如果在制作前没有事先取出退冰软化，将会难以打发。

奶油退冰软化的方法，最简单就是取出置放于室温下待其软化，至于需要多久时间则不一定。视奶油先前是冷藏或冷冻、分量多寡以及当时的气温而定，奶油只要软化至用手指稍使力按压，可以轻易被手压出凹陷的程度就可以了。

如果要使用的奶油分量很多，慢慢静置等奶油软化的话，等待的时间将会延长。此时我们可以先将奶油分切成小块，这样可以加快软化的速度；否则也可以将奶油置于正在预热的烤箱附近，靠稍微的热度来加速软化，不过用这种热源加热的方式时，必须特别留意切勿让奶油融化，否则将会影响成品的组织及风味。

Q12 制作出来的蛋糕里面常有结块，口感不佳是为什么呢？

制作组织松软的蛋糕时，有一道绝不可省略的步骤，那就是面粉过筛。所谓的面粉过筛，就是将秤量好的面粉以筛网筛过，视成品的需求不同，有时过筛1次即可，例如戚风蛋糕，有时则需过筛2次，如海绵蛋糕。过筛的目的，是在于将面粉里的杂质、受潮结块的面粉颗粒等，借由过筛的动作沥除或打散。尤其是制作蛋糕时使用率最高的低筋面粉因为蛋白质含量较低，即使未受潮，置放一段时间之后依然会结块。所以过筛一方面可以沥除杂质，另一方面则达到了打散结块的作用，以免拌出都是面粉颗粒的面糊而影响蛋糕品质。再者制作蛋糕时，除了面粉之外，通常还有其他如泡打粉、玉米粉等干粉类材料要一起加入拌匀，我们可以将粉类材料一起过筛，更重要的是可以将不同比重的材料也一起混合均匀。

Q13 到底烘焙材料单位要如何换算呢？

以下量杯一杯为 200毫升

材料	1小匙重量(克)	1大匙重量(克)	1量杯重量(克)
高筋面粉	2	7.5	120
低筋面粉	2	7	100
奶粉	2	7	100
可可粉	2	6	70
盐	4	13	210
糖粉	3	8	130
细砂糖	4	13	170
蜂蜜	7	20	290
奶油	4	14	225
水	5	15	200
鸡蛋(大)1个60克左右 蛋黄(大)1个18克左右 蛋清(大)1个38克左右		(小)1个55克左右 (小)1个15克左右 (小)1个35克左右	

Q14 到底要选择什么样的烤箱才能轻松烘烤呢？一定要先预热吗？

市面上的烤箱种类不一，但是一定要选择有上下火温度的烤箱才能制作烘烤饼干喔！而因为每台烤箱都会略有一些温度差，所以对于自己所购买的烤箱温度要了解，这样烘烤制作东西的时候，才比较能够得心应手。另外，烘烤之前，一定要记得先将烤箱预热，再把材料放入烤箱内烘烤喔！

Q15 为什么制作饼干需要使用到不同种类的面粉呢？

面粉分高筋面粉、中筋面粉、低筋面粉三种，最主要的差别在于面粉的筋性不同。而因为筋性的不同，所以使用不同的面粉所制作出的饼干，口感也会不同。高筋面粉所制作出的饼干较为酥脆，而使用中筋面粉制作出来的饼干就会较为酥松，利用低筋面粉做出来的饼干则较为硬酥。

Q16 粉类材料为什么要过筛？

将粉类材料过筛，是为了避免结块的粉类材料直接加入其他材料中，不容易搅拌均匀。同时也经由这个步骤使粉类与奶油拌合，不会有小颗粒产生，烘焙出来的口感比较细致。过筛时，将粉类置于筛网上，一手持筛网，一手轻轻拍打筛网边缘，使粉类经过空中落到打蛋盆中。

Q17 为什么奶油要回温变软才能使用呢？

奶油通常都是放在冷冻中，因此奶油取出之后要放在室温之下让其稍微软化再使用。最主要是为了让它能够和其他材料融合以便操作，也比较容易打发，但是千万可不要让奶油软化到变成液态状喔！

Q18 如果家里有人不能吃太甜的点心时，如何能制作出低甜度点心呢？

想要制作出低甜度的点心并不困难，只要将糖替换成代糖或者是海藻糖就可以了，尤其是海藻糖，是连糖尿病患者都可以吃的唷！

Q19 如何制作才能让糕点中的坚果变得更好吃呢？

所谓的坚果大多是指像杏仁粒、核桃粒等坚硬的果类。因为放入糕点中可以增加脆硬的口感，所以常让人爱不释口，但如果想要让坚果变得更好吃，可以事先烘烤成半熟状态再加入面团或面糊中，这样坚果就会比较酥脆。

当 饼干 遇见 模型

当饼干遇见模型时，会产生什么样的火花呢？这里就来——破解可爱饼干之所以可爱的秘密——模型的魔法。一团不起眼的面团，在模型的魔法下，便化身成为一片片让人喜爱到不行的饼干。让饼干变身为各种可爱造型的模型可分三大类：饼干压模、挤饼器和挤花袋。

饼干压模

饼干压模拿来在面团上压下去就行了吗？不！不！不！如果就这么给它压下去，你的饼干将会功亏一篑喔！切记，饼干压模使用前要先沾些高筋面粉再压模，比较容易完整脱模。

挤饼器

挤饼器是初学者的最佳帮手，一般内附许多花式的造型，方便使用者直接套用，就可以变化出各种图形。使用时，先将造型器装在挤饼器底端，放入面糊，用手按压顶部把手即可挤出喜欢的形状啰！

挤花袋

适合用在较稀软的面糊，常见的花嘴有平口型、扁口型、波浪型等，套上花嘴后，装入面糊就可以挤花了。面糊中若有坚果类或其他如葡萄干、巧克力豆等颗粒较大的材料，可用大的平口花嘴或不套花嘴直接以挤花袋口挤出图形。

准备篇

面包篇

土司篇

蛋糕篇

饼干篇

西式点心篇

中式点心篇

模型使用法

长条状的模型，是初学者最为困惑，不知如何使用的模型之一。这种长条模型适合于制作面糊类的蛋糕，如磅蛋糕、水果蛋糕、香蕉蛋糕等，也可以作为小型面包的烤模，用途广泛。以下我们就要为你示范正确的涂油铺粉以及铺纸的方法。

刷油铺粉

1. 利用刷子在模型内每一面均匀地刷上一层薄薄的白油，4个死角处要特别留意刷油，以免烘烤时面糊沾粘在角落。如果偷懒随便刷刷，或者用手来抹油，效果都会大打折扣。

2. 模型都刷好油之后，将适量的高筋面粉倒入模型中。此时将模型内的面粉不断地上下左右移动位置，让面粉可以均匀地沾附在涂油模型的每一个地方，包括4个死角。

3. 若是还有未沾上面粉的地方，则再补充面粉继续铺粉的动作。最后若有多余的面粉，则必须将面粉倒除，以免留在模型中和面糊混在一起。

4. 均匀铺上面粉的模型，可以防止蛋糕烤焙时沾粘在模型上，使蛋糕容易脱模。

剪裁模型用纸

不想清洗油腻腻沾满面糊的模型，但依然想保持成品的美观完整、好脱模，那么在模型里铺纸也可以达到效果，一般像烘焙纸、白报纸、羊皮纸等都可用来作为铺纸用。铝箔纸由于太易于定型且薄而易破，而且会影响传热，所以要避免使用。

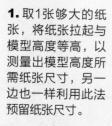

1. 取1张够大的纸张，将纸张拉起与模型高度等高，以测量出模型高度所需纸张尺寸，另一边也一样利用此法预留纸张尺寸。

2. 将另外两侧纸张多余的部分折起，以方便稍后的裁剪。

3. 重新摊开纸张，固定住模型的位置后，即可在模型的4个角落稍往内定位划记，以免纸张折起后的底面积大于模型而无法装入。

4. 将确实所需的纸张大小剪下，并由4个角落分别往内剪开至划记的位置。

5. 折出与模型底部相同大小的长条形状后，即可置入模型中使之贴合，再将四边整理出角度，使纸张与模型内面完全密合即可。

模型包装剪裁技巧

蜂蜜蛋糕木框模包法

模型可包裹白报纸，以方便烘烤完成的成品脱模，也可节省清洗的功夫。现在就以蜂蜜蛋糕最常用的两种模型做示范。

木框包法

1. 取4张白报纸，依木框模型放入，取适当位置于内侧作记号。

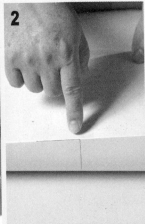

2. 将白报纸翻面，在所作记号的位置。

3. 折出木框的大小。

4. 沿着折痕处，由外往内剪至4个角的位置。

5. 将白报纸立成方形，套入木框中。

6. 再剪成木框的高度。

7. 多余的白报纸向外翻折，用胶带固定。

8. 模型制作完成了！

准备篇
面包篇
土司篇
蛋糕篇
饼干篇
西式点心篇
中式点心篇

软式面团

软式面包组织松绵且柔软，体积轻而膨大，质地细腻、富有弹性，能做出柔软香甜的口感。

硬式面团

硬式面包组织细致、结实，具有浓郁麦香味，外表硬脆有嚼劲，保存时间较久。

丹麦面团

丹麦面团的面包外观层次分明、表皮酥脆呈金黄色，而内部组织松软，口感酥松、丰富。

起酥面团

起酥面团包覆了大量油脂，所以在经过层层相叠擀制之后，在加热时油脂溶化，就形成多层次的酥松口感。

脆皮面团

脆皮面团使用水蒸气烤焙，使表皮酥脆、体积膨大，吃起来组织有弹性，富有口感。

各种
面团

香料面团

香料面团是在面团中，添加各式浓郁风味的香料，如核果、干果，或各式干燥植物、香辛料等，以增添面包的风味。

戚风面团

戚风蛋糕口感细致，组织轻柔、绵滑。

乳沫面团

乳沫类蛋糕组织质感，适合做更多造型装饰与变化。

重奶油面糊

重奶油蛋糕又称为磅蛋糕，以高筋面粉和油脂比例接近1：1为主，添加大量的油脂，使蛋糕的组织柔软细致。

泡芙面糊

泡芙面糊如果粘附在刮刀上的面糊成三角形之薄片，而不从刮刀上滑下，则表示面糊的浓度恰到好处。

派皮面团

传说师傅误将粉包牛油，加热后造成的气洞，而形成了派的酥松。

西式
面糊

塔皮面团

塔皮与派皮极为相似，但是塔皮质地较轻细，厚度常在1.5厘米以内，外型式样多。

软式饼干面糊

软式饼干面糊，水分含量较其他多，无法揉成团状，需装入挤花袋中，或是用挤花器挤出在烤盘上，烘焙出来的口感较软。

酥松类面团

酥松类面糊的油含量多过糖，而糖含量又多于水分，面糊也属松软，口感比软式面糊制作出的饼干稍微酥一些。

酥硬类面团

酥硬类面团的饼干，又称冰箱小西点，因为此种面团制作完成后需放到冰箱冷藏，烘焙前再取出切小片状。

脆硬类面糊

脆硬类面糊烤出来的饼干，口感既脆且较硬，而糖的含量多寡，是决定饼干脆不脆的重要因素。因此脆硬类面糊，糖分添加的比例就较其他要高。

面|包|篇

认识面包发酵法

直接法、中种法、发面法

◎ 直接法

直接法是将面团中所有材料，直接一次放入搅拌缸中搅拌成面团，所做出来的面团叫做直接面团，是最简单的做法。由于一次搅打较大的面团，面团变化的时间也较缓慢，所以适合刚开始尝试做杂粮面包的新手，能够清楚地观察熟悉面团从头到尾的变化，一但熟悉了揉面、发酵的过程，应用在其他做法上就能驾轻就熟、一点就通了。

简单与快速的做法，虽然省时，却牺牲了一些杂粮面包应有的美味，直接法所做出来的杂粮面包，在发酵的香味上没有那么丰富浓郁，但无庸置疑依然是具有令人无法抗拒的美味。

◎ 中种法

中种法是指先将分量较少的中种面团进行到完成基础发酵的阶段，再与主面团的材料混合成最后的面团。以发酵的时间来说，与直接面团相同，都需要约90分钟的发酵时间，不过中种法对已经有点制作面包经验的人来说，会是最方便、最容易控制面团状态的一种做法。尤其要同时制作多种口味的时候，可一次做出大量的中种面团，再分次搭配不同的主面团材料，会是更快速、有效率的做法。

以美味来说，中种法所做出的杂粮面包风味要比直接法更好一些，因为谷物与发酵香气都更浓郁。在贩售杂粮面包的商家或是各地的烘培教室课程中，中种法都是最常见也最基本的制作法，面包的成功率或是制作过程都位于中等的程度。

◎ 发面法

发面法的制作过程与中种法有点类似，都是先以少量的基本材料制成面团，先进行基础发酵，差别只是发面法是先以低温发酵的方式做出发酵种面团。低温发酵是发面法最大的特色，低温降低了酵母的活性，使发酵的时间延长，所谓"慢工出细活"，发面法做出来的杂粮面包，在香味上可是比其他方法都要香醇许多。

发酵种面团又称为"老面"，与中种面团相同，也适合用于大量制作不同口味时使用。而且面团由于本身低温，所以不必害怕一旦来不及准备主面团材料，面团就要发酵过头了，可以继续放在冰箱中密封保存，只要不让面团脱水变干，就能方便分次取用。

面包制作基础Q&A

Q 搅打好的面团不容易取下来该怎么办？

A 搅打好的面团容易粘在搅拌缸上而不容易取出来，此时只要倒入少许橄榄油或色拉油，再启动搅拌机搅拌几下，让油在面团表面产生润滑的作用，就能轻易地将面团取出来了。

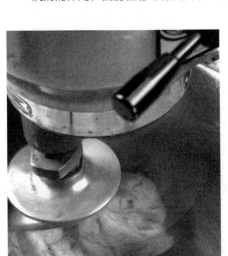

Q 搅打速度的快慢有何影响？

A 为了能容易掌握搅拌的阶段，同时避免使面团温度过高，都会以中速为搅拌的基本选择。而当材料还呈粉状时，为了防止材料散出才会采用低速，而高速可缩短搅打时间，但最好还是具有相当的制作经验之后再采用，才不容易失败。

Q 搅打时材料粘在钢壁上无法混合均匀该怎么办？

A 在搅打的过程中，尤其在刚开始搅打的时候，因为材料尚未混合均匀，吸收水分多的材料会很容易粘在壁上。此时应先暂停转动，以橡皮刮刀或切面刀将这些材料刮下，再继续搅打，才能使所有材料能充分混合均匀。

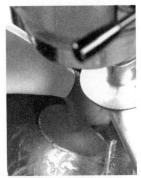

Q 如何判断已发酵至一倍大了？

A 通常判断发酵的程度，以体积来判断会比时间准确。因为在不同的温度、湿度环境与酵母品质好坏下，面团会有不同的发酵速度。体积的判断标准大致上以宽度来测量，宽度涨至1倍宽时就是发酵得差不多了。

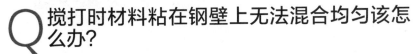

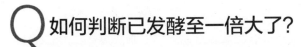

Q 为何要拍打面团?

面团在发酵的过程中会因为酵母的分布不均,而使面团不同部位发酵程度不一,发酵剧烈的时候甚至会产生较大的气泡。这些气泡会使面包在烘烤后内部形成空洞,所以一定要在整形时将气泡轻轻拍出来,做出来的面包才会质地均匀。

Q 面团的分割一定要百分百准确吗?

分割面团时小面团的重量越相近,之后膨胀与烘烤的程度也会越接近。为了控制发酵与烘烤的最佳时间,同时保持成品的美观与美味,最好能仔细地秤量分割小面团,当然如果只是稍微地相差2~3克,还不至于造成太大的差异。

Q 包卷的内馅材料可不可以依自己喜好调整?

包卷在面团中颗粒状的内馅材料,多一些或少一些是可以依自己喜好调整的,只要不相差太多。例如添加太多会导致面团无法顺利包卷起来,或是出水影响烘烤品质,都可以酌量增减。

Q 该怎么防止面团粘手?

面团在整形时常会有粘手的状况。最适合的改善方法是在整形之前,避免手上带有水分,同时先将双手沾上少许高筋面粉,就能降低粘手的机会,但要记得不要重复沾上太多面粉以免影响面包的质地。

Q 家中没有发酵箱该如何进行发酵？

A 家中若没有发酵箱，只要能提供面团适当的温度、湿度都可以进行发酵。可以利用塑料袋包起来放在较温暖的地方，或是放入保丽龙箱、没使用的电锅、微波炉中暂时充当保温箱，如温度或湿度过低，可与1杯热开水一起放置即可。

Q 为什么面团中心温度必须在一定的范围内？

A 温度会影响面团的发酵，所以测量温度对初学者来说是相当重要的成功关键。若是温度过高会使发酵进行得很快速，过低则会发酵得很慢；若是温度太高则应将面团暂时放入冰箱中降温，同时密切注意发酵的程度，才能避免失败。

Q 制作杂粮面包的粉类是否需要过筛？

A 一般来说，为了使面包的品质细致均匀，会建议一定要先将粉类材料过筛。过筛的同时也能将材料进行初步的混合，只是杂粮面包的质地原本就比其他烘焙产品要粗糙些。所以如果粉类本身没有受潮结块，那么筛不筛的影响并不会太大。

Q 割刀可以使用普通的刀子代替吗？

A 不论使用哪一种刀子，只要干净、没有污染到其他油脂或味道，都可以用来割划面团。不过专门的割刀刀身带有弯曲的弧度，切割出来的花纹会更加的美观，且刀片本身的外形专为割划花纹设计，在使用上也最为方便顺手。

软式面包

软式面包种类及花样繁多，特性是组织松绵且柔软，体积轻而膨大，质地细腻、富有弹性。单纯以入口的软硬度来区分，面包可以分软式和硬式两种，软式面包所添加的糖分与油脂，相较之下比硬式面包来得多，因此塑造出柔软香甜的口感，也使软式面包适合做出多样的味道。

奶油小餐包 约15个

【材料】

A. 干酵母 ·················· 8克
　水 ·················· 260毫升
　鸡蛋 ·················· 1个
　奶粉 ·················· 20克
　盐 ·················· 1小匙
　细砂糖 ·················· 100克
B. 高筋面粉 ·················· 500克
C. 奶油 ·················· 40克
D. 黑芝麻（或白芝麻）······ 适量

【做法】

1. 先将材料A置入盆中一起拌匀至颗粒溶解，倒入高筋面粉，用橡皮刮刀拌匀所有材料（见图1），拌匀成面团。
2. 将奶油加入面团中，搓揉至完全融合，可不断甩打面团，以利面团出筋，至面团表面光滑不粘手即可（见图2~4）。
3. 将面团滚圆置于抹油的容器中盖上保鲜膜（见图5），置于27~28℃的密闭环境中让面团基础发酵，发酵至用手指戳入面团，凹洞可维持原状不弹回也不下陷即可（见图6）。
4. 完成基础发酵的面团，分成每个60克，整成圆形再静置松弛10分钟（见图7）。
5. 面团松弛完成后，即可置于烤盘上，准备进行35分钟的最后发酵（见图8）。
6. 最后发酵完成后，用毛刷在面团表面刷上一层薄蛋液（分量外），并在面团中央沾上少许芝麻作为装饰，即可入烤箱烤焙（见图9~10）。
7. 烤箱已预热至上火200℃、下火160℃，将面团送入烤约12分钟即可（见图11）。

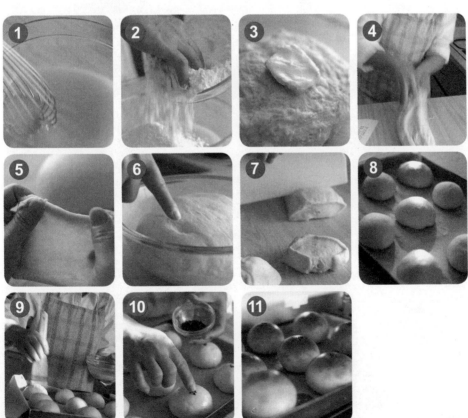

准备篇
面包篇
土司篇
蛋糕篇
饼干篇
西式点心篇
中式点心篇

1

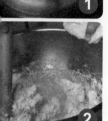
2

3

4

5

6

7

8

红豆汤种面包 约10个

【汤种面团材料】

高筋面粉······················137克
盐·····························7克
细砂糖·························10克
90℃热水······················48毫升

【基础面团材料】

高筋面粉······················205克
新鲜酵母·······················5克
奶粉···························7克
鸡蛋··························10克
水···························181毫升
酥油··························20毫升

【其他材料】

市售红豆馅·····················300克
白芝麻························适量
黑芝麻························适量
奶水·························少许

【做法】

1. 将汤种面团材料全部加入（见图1），以擀面棍拌匀至无干粉状（称为糊化）（见图2~3），待凉后装入袋中放置冷藏，约24小时后取出。

2. 除酥油外的基础面团材料全都倒入搅拌缸中，并加入撕成小块做法1的汤种面团，一起搅拌至成团后再加入酥油，搅拌至面团光亮不粘手，拉开有筋度的完成阶段（可加一点色拉油，较容易取出）。

3. 将面团分割成每个约60克的面团（见图5），分别滚圆后盖上塑料袋，静置松弛约10分钟。

4. 略压扁小面团（见图6），中间包入红豆馅（见图7），表面稍微压平，用剪刀剪5刀成花状（见图8），放入烤盘中，表面撒上白芝麻，中间沾裹黑芝麻。

5. 移入发酵箱，以温度38℃、湿度85%进行最后发酵约45分钟后取出，表面均匀刷上一层奶水，入烤箱烤焙，以上火200℃、下火180℃，烘焙约12分钟即可。

新手看这里

汤种面团是使用65℃以上的热水，使面粉中的淀粉因为热而糊化，所制作出来的面团吸水量较高，再加上低温发酵，所以口感比较软。

布丁汤种面包 约10个

【汤种面团材料】
高筋面粉137克、盐7克、细砂糖10克、90℃热水48毫升

【基础面团材料】
高筋面粉205克、新鲜酵母5克、奶粉7克、鸡蛋10克、水181毫升、酥油20毫升

【内馅材料】
布丁馅适量、奶水少许

【做法】
1. 将汤种面团材料全部加入拌匀至糊化，待凉后装入袋中放置冷藏，约24小时后取出。
2. 除酥油外的基础面团材料全都倒入搅拌缸中，并加入撕成小块的做法1汤种面团，一起搅拌至成团后再加入酥油，搅拌至面团光亮不粘手、拉开有筋度的完成阶段（可加一点色拉油，较容易取出）。
3. 面团分割成每个约60克的小面团，分别滚圆后盖上塑料袋，静置松弛约10分钟。
4. 将小面团擀长，中间包入布丁馅后对折，用剪刀剪3刀放入烤盘中，移入发酵箱，以温度38℃、湿度85%进行最后发酵约45分钟后取出。
5. 在表面用布丁馅画上笑脸图案，再刷上奶水，入烤箱烤焙，以上火200℃、下火180℃，烘焙约12分钟即可。

准备篇
面包篇
土司篇
蛋糕篇
饼干篇
西式点心篇
中式点心篇

布丁馅

 材料

细砂糖85克、盐2克、鸡蛋128克、低筋面粉26克、玉米粉43克、水426毫升、奶粉25克、酥油21毫升

 做法

1. 将细砂糖、盐、全蛋、低筋面粉、玉米粉，先拌匀备用。
2. 将水、奶粉、酥油煮至滚后，冲入做法1的材料快速搅拌，再煮至浓稠状，中间起泡。
3. 倒置于派盘上（表面可抹上薄薄一层奶油，以防止结皮）待凉，即可。

日式菠萝面包 约10个

【中种面团材料】

高筋面粉·····················167克
新鲜酵母·······················10克
水·····························100毫升

【主面团材料】

高筋面粉·····················167克
奶粉·····························14克
细砂糖··························40克
盐·······························5克
水·····························67毫升
鸡蛋·····························20克
奶油·····························40克

【菠萝皮材料】

高筋面粉·····················250克
酥油··························133毫升
鸡蛋·····························83克

【其他材料】

细砂糖··························适量

【做法】

1. 将中种面团材料全部放入搅拌缸中，先用低速拌至成团，再改中速搅拌至面团拉开呈透光薄膜状的完全扩展阶段。

2. 将面团滚圆，移入发酵箱，以温度28℃、相对湿度75%进行基础发酵约90分钟。

3. 除奶油外的主面团材料全都倒入搅拌缸中，并加入撕成小块的做法2中种面团，一起搅拌至成团后再加入奶油，搅拌至面团光亮不粘手、拉开有筋度的完成阶段（可加一点色拉油，较容易取出）。

4. 面团分割成每个约60克的小面团（见图1），分别滚圆后盖上塑料袋，静置松弛约10分钟。

5. 将菠萝皮材料一起拌匀至粘手，再分切成10块备用（见图2~3）。

6. 将菠萝皮压平包裹在面团上，再移入发酵箱中，以温度38℃、湿度85%进行最后发酵约45分钟（见图4~6）。

7. 烤焙前在面团表面沾裹细砂糖，再用刮板压出格子状纹路（若不压纹路，则会烤出自然裂痕），入烤箱烤焙以上火200℃、下火180℃烘烤约12分钟即可（见图7~8）。

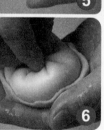

台式菠萝面包 约10个

【甜面团材料】

A.高筋面粉 … 300克
奶粉 ………… 24克
改良剂 ………… 3克
B.水 ……… 150毫升
速溶酵母 ……… 3克
细砂糖 ……… 54克
盐 ……………… 3克
鸡蛋 …………… 30克
C.奶油 …………… 30克

【菠萝皮材料】

A.酥油 ……… 37毫升
白油 ……… 25毫升
糖粉 ………… 62克
盐 ……………… 1克
B.鸡蛋 ………… 45克
C.奶粉 …………… 5克
低筋面粉 …… 125克

【做法】

1.甜面团材料A过筛后备用。

2.甜面团材料B混合搅拌均匀，再和做法1的材料搅拌搓揉成团后，加入甜面团材料C搅拌搓揉后，再将面团拍打至光滑的完成阶段。

3.取出面团装入钢盆中，放置基础发酵60分钟。

4.将面团翻面（折面），再静置等待发酵20分钟。

5.取出面团分成10等份，每个约60克；并将面团滚圆后，静置松弛15~20分钟后，即为小甜面团，备用。

6.菠萝皮材料A搅拌均匀打到奶油变白的微发阶段。

7.将菠萝皮材料B分次加入，搅拌均匀。

8.菠萝皮材料C先过筛，再加入做法7的材料中搅拌均匀成团后，备用。

9.将菠萝皮分成10等份，每个约30克后，即为小菠萝皮，备用。

10.取一松弛好的小甜面团，并盖上1块小菠萝皮，另在表面沾上少许高筋面粉。

11.将小甜面团由外往内捏紧至小菠萝皮完全覆盖上面团为止。

12.将捏好的收口朝下，再用刮板在菠萝面包上切出格子状纹路，并排放于烤盘上备用（重复10~12的步骤至材料用毕）。

13.将菠萝面包表面刷上蛋汁后，静置于常温下，等待发酵至原来的2.5倍大。

14.将发酵后的菠萝面包，放进炉温为上火200℃、下火160℃的烤箱中，烤约15分钟即可。

花生奶油面包

【材料】

台式菠萝面包…………………1个
（做法请见P.41）
市售无糖花生粉 ……… 适量
奶油霜 ……………… 适量

【做法】

1. 烤好放凉后的菠萝面包对切成
   2等份后组合备用。
2. 将面包接缝处涂抹上适量的奶
   油霜后，再沾裹上无糖的花生
   粉即可。

奶油霜 约15个

材料

酥油 ……………… 150毫升
白油 ……………… 150克
果糖 ……………… 150克

做法

将酥油、白油、果糖
混合搅拌至体积变大，颜
色变白后即可。

新手看这里

如果想让花生奶油面包多些变化，也可以改涂抹适
量果酱后，再沾裹上适量的椰子粉。

甜甜圈 约10个

【中种面团材料】
高筋面粉……………167克
新鲜酵母……………10克
水………………100毫升

【主面团材料】
高筋面粉……………167克
奶粉…………………14克
细砂糖………………40克
盐……………………5克
水……………………67毫升
鸡蛋…………………20克
奶油…………………40克

【其他材料】
细砂糖………………适量

【做法】

1. 将中种面团材料全部放入搅拌缸中，先用低速拌至成团，再改中速搅拌至面团拉开呈透光薄膜状的完全扩展阶段。（见图1~2）
2. 将面团滚圆，移入发酵箱，以温度28℃、相对湿度75%进行基础发酵约90分钟。
3. 除奶油外的主面团材料全都倒入搅拌缸中（见图3~4），并加入撕成小块的做法2中种面团，一起搅拌至成团后再加入奶油，搅拌至面团光亮不粘手、拉开有筋度的完成阶段（可加一点色拉油较容易取出）。
4. 面团分割成每个约60克的小面团（见图5），分别滚圆后盖上塑料袋（见图6~7），静置松弛约10分钟。
5. 面团表面中间压下成中空状后（见图8），移入发酵箱，以温度38℃、湿度85%进行最后发酵约45分钟，入油锅以180℃油炸，炸至表面呈金黄色，起锅沥干油，再沾细砂糖食用即可。

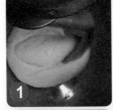
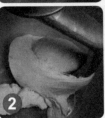
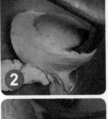

咖喱多拿滋 约10个

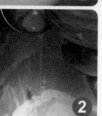

【中种面团材料】

高筋面粉·················167克
新鲜酵母·················10克
水··················100毫升

【主面团材料】

高筋面粉·················167克
奶粉····················14克
细砂糖··················40克
盐·······················5克
水····················67毫升
鸡蛋····················20克
奶油····················40克

【其他材料】

咖喱馅··················适量
面包粉··················适量

【做法】

1. 将中种面团材料全部放入搅拌缸中，先用低速拌至成团，再改中速搅拌至面团拉开呈透光薄膜状的完全扩展阶段。（见图1）
2. 将面团滚圆，移入发酵箱，以温度28℃、相对湿度75%进行基础发酵约90分钟。
3. 除奶油外的主面团材料全都倒入搅拌缸中（见图2），并加入撕成小块的做法2中种面团，一起搅拌至成团后再加入奶油，搅拌至面团光亮不粘手、拉开有筋度的完成阶段（可加一点色拉油，较容易取出）。
4. 面团分割成每个约60克的小面团（见图3~4），分别滚圆后盖上塑料袋，静置松弛约10分钟。
5. 擀开小面团（见图5），包入咖喱馅后捏紧（见图6~7），表面均匀沾裹面包粉（见图8）。
6. 移入发酵箱，以温度38℃、湿度85%进行最后发酵约45分钟，入油锅以180℃油炸，炸至表面呈金黄酥脆状，捞出沥干油即可。

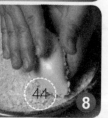

咖喱馅

材料

猪肉泥150克、洋葱1/2个、咖喱块50克、水50毫升、奶油少许

做法

1. 热锅加入奶油，溶化后加入猪肉泥炒至变色，再加入洋葱炒至变软。
2. 咖喱块先与水加温溶化后，再加入做法1的材料中拌匀即可。

大理石面包 约2个

【中种面团材料】

高筋面粉………350克
新鲜酵母………12克
水……………210毫升

【主面团材料】

高筋面粉………150克
细砂糖…………50克
盐………………10克
奶粉……………10克
鸡蛋……………90克
水………………50毫升
奶油……………125克

【其他材料】

软质巧克力片……300克

【做法】

1. 将中种面团材料全部放入搅拌缸中，先用低速拌至成团，再改中速搅拌至面团拉开呈透光薄膜状的完全扩展阶段。

2. 将面团滚圆，移入发酵箱，以温度28℃、相对湿度75%进行基础发酵约90分钟。

3. 除奶油外的主面团材料全都倒入搅拌缸中，并加入撕成小块的做法2中种面团，一起搅拌至成团后再加入奶油，搅拌至面团光亮不粘手、拉开有筋度的完成阶段（可加一点色拉油，较容易取出）。

4. 将面团放在桌面，展开成正方形（比巧克力片大一点）后，放入软质巧克力片（见图1），四角向内折接缝处密合（见图2）；擀开成长约45厘米、宽15厘米（见图3~4），厚薄度一致后，折成3折，静置松弛约15分钟后，再擀薄至0.5厘米厚（见图5），再度静置松弛。

5. 将做法4的材料卷起成模型的厚度（见图6），再切成符合模型大小的长度（见图7）后，放入模型中（见图8），移入发酵箱，以温度38℃、湿度85%进行最后发酵约45分钟后取出，入烤箱烤焙，以上火200℃、下火180℃，烘焙约20分钟即可。

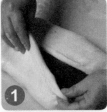

葱花面包 约15个

【面和馅的比例】

基础甜面团60克（做法见P.46）：葱油馅适量

【材料】

青葱200克、猪油100克、面包粉35克、鸡蛋2个、黑胡椒适量、盐适量、细砂糖适量

【做法】

1. 将青葱洗净切成细段，再将所有材料拌匀调味备用。
2. 将完成基本发酵的面团900克，分割成每个60克，滚圆静置松弛10分钟后再次滚圆，再进行20分钟的松弛发酵。
3. 在每个小面团表面划开1刀，并填入适量馅料，再进行20分钟的最后发酵。
4. 最后发酵完成后，入烤箱以上火220℃、下火160℃烤10~12分钟即可。

红豆面包 约15个

【面和馅的比例】

基础甜面团60克（做法见P.46）：豆沙馅30克

【材料】

市售豆沙300克、黑芝麻适量、酥油20毫升

【做法】

1. 将完成基本发酵的面团900克，分割成每个60克，滚圆静置松弛10分钟。
2. 将每个面团略压成扁圆形，在中间填入适量豆沙后，将周围面团拉起，封口捏紧包成圆状。
3. 表面刷酥油后，沾上黑芝麻，进行30分钟的最后发酵。
4. 最后发酵完成后，入烤箱以上火200℃、下火150℃烤13分钟左右即可。

备注 传统型红豆面包多使用市售豆沙包馅，馅的分量与面团的比例约为2：1。

基础甜面团 约15个

 材料

A. 干酵母8克、水260毫升、鸡蛋1个、奶粉20克、盐1小匙、细砂糖100克

B. 高筋面粉500克、奶油40克

 做法

1. 将所有材料A置于大盆中一起拌匀至颗粒溶解。
2. 将高筋面粉倒入上述材料中，用橡皮刮刀拌匀所有材料至成面团。
3. 将面团移至干净台面上，加入奶油搓揉一段时间至完全与面团融合，并且甩打以利面团出筋，至面团表面光滑不粘手，即可准备将面团滚圆，置于抹油的容器中盖上保鲜膜，进行基础发酵。

【面和馅的比例】
基础甜面团60克（做法见P.46）：奶酥馅30克

【材料】
A.玛琪琳90克、酥油90毫升、糖粉130克
B.蛋黄2个　C.奶粉240克　D.奶水10毫升

【做法】
1.将材料A拌匀，不可打发，备用。
2.将材料B加入做法1的材料中，均匀搅拌至完全无颗粒状后，加入材料C搅拌均匀。
3.加入材料D搅拌均匀，且需搅拌至软硬度与面团一致，成奶酥馅备用。
4.将完成基本发酵的面团1800克，分割成每个60克，滚圆静置松弛10分钟。
5.将每个面团略压成扁圆形，在中间填入适量奶酥馅后，将周围面团拉起，封口捏紧包成圆状，再擀成长椭圆形。
6.将面团横向卷起呈长圆柱状，尽量让圈纹较多层；然后对折成短圆柱形，再从对折处居中切开不切断。
7.将面团从切开处各自向左右展开，卷起相粘呈蝴蝶状，表面刷蛋液（分量外）后，再进行40分钟的最后发酵。
8.最后发酵完成后，入烤箱以上火200℃，下火150℃烤10~12分钟左右即可。

奶酥面包 约30个

【面和馅的比例】
基础甜面团60克（做法见P.46）：花生馅30克

【材料】
A.细砂糖120克、奶油110克、盐2克
B.鸡蛋1个　C.泡打粉2克　D.花生粉210克

【做法】
1.奶油置于室温回软后，将材料A拌匀备用。
2.将材料B加入做法1的材料中，均匀搅拌至完全无颗粒状后，加入材料C搅拌均匀成花生馅备用。
3.将完成基本发酵的面团900克，分割成每个60克，滚圆静置松弛10分钟。
4.将每个面团略压成扁圆形，在中间填入适量馅料后，将周围面团拉起，封口捏紧包成圆状，再擀成长椭圆形。
5.将长椭圆形面团对折后，从对折处平均间隔直切5刀，面团前端留1厘米不切断。
6.再将面团展开，横向对折后稍微拉长，扭旋成交叉如麻花辫状，再将两端交叠卷成圆圈形。
7.表面刷蛋液后，进行40分钟的最后发酵。
8.最后发酵完成后，入烤箱以上火220℃、下火160℃烤10~12分钟即可。

花生面包 约15个

准备篇
面包篇
土司篇
蛋糕篇
饼干篇
西式点心篇
中式点心篇

克林姆面包 约30个

【面和馅的比例】
基础甜面团60克（做法见P.46）；奶油馅30克

【材料】
A.鸡蛋4个、蛋黄1个、低筋面粉65克　B.奶水500毫升、细砂糖100克　C.香草水适量、奶油70克

【做法】
1. 将材料A拌匀备用；奶油置于室温回软。
2. 材料B混和煮滚后，冲入做法1的材料中，再继续煮至呈凝胶状后离火。
3. 加入香草水、奶油搅拌均匀成奶油馅，且需搅拌至完全变凉以避免结皮。
4. 将完成基本发酵的面团1800克，分割成每个60克，滚圆静置松弛10分钟。
5. 将每个面团略压成扁圆形，在中间填入适量馅料后，将周围面团拉起，封口捏紧包成圆状，再进行40分钟的最后发酵。
6. 最后发酵完成后，取适量布丁馅填入挤花袋中，以细线条在面团表面挤上圈形纹，入烤箱以上火220℃、下火160℃烤10~12分钟即可。

红豆麻糬面包 约10个

【主面团材料】
高筋面粉68克、水24毫升、奶粉14克、黑糖41克、盐3克、鸡蛋20克、酵素1克、奶油68克

【内馅材料】
红豆馅200克、原味粿加蕉100克

【中种面团材料】
高筋面粉270克、新鲜酵母10克、水162毫升

【装饰材料】
黑芝麻适量

【做法】
1. 将所有中种面团材料放入搅拌缸中，先用勾状拌打器以慢速拌至无干粉状，再转中速拌成面团。
2. 将做法1的面团滚圆后，放入发酵箱内，以温度28℃、相对湿度75%，进行基础发酵约90分钟。
3. 将所有主面团材料（除奶油外）放入搅拌缸中，并将做法2的中种面团撕成小块加入，先以慢速搅拌至无干粉状，再转中速拌成团，而后加入奶油打到完全扩展，此时面团拉开呈薄膜状。
4. 将面团分割成每个约60克的面团，滚圆后盖上塑料袋，松弛10~15分钟。
5. 将松弛好的面团压成圆形，取20克红豆馅、10克原味粿加蕉包入面团中间，并且把口封紧。
6. 放入发酵箱内，以温度38℃、相对湿度85%，进行最后发酵约40分钟，取出后在面团表皮上沾上适量黑芝麻。
7. 放入烤箱，以上火200℃、下火180℃，烤焙约12分钟即可。

乳酪条 约10个

【主面团材料】
高筋面粉·····················167克
奶粉···························14克
细砂糖·························40克
盐·······························5克
水···························67毫升
鸡蛋···························20克
奶油···························40克

【中种面团材料】
高筋面粉·····················167克
新鲜酵母·······················10克
水··························100毫升

【其他材料】
蛋黄酱·························适量
乳酪丝·························适量
海苔粉·························适量

【做法】

1.将中种面团材料全部放入搅拌缸中，先用低速拌至成团，再改中速搅拌至面团拉开呈透光薄膜状的完全扩展阶段。

2.将面团滚圆，移入发酵箱，以温度28℃、相对湿度75%进行基础发酵约90分钟。

3.除奶油外的主面团材料全都倒入搅拌缸中，并加入撕成小块的做法2中种面团，一起搅拌至成团后再加入奶油，搅拌至面团光亮不粘手、拉开有筋度的完成阶段（可加一点色拉油，较容易取出）。

4.面团分割成每个约60克的小面团，分别滚圆后盖上塑料袋，静置松弛约10分钟。

5.将小面团整形成橄榄形，放入烤盘中，移入发酵箱，以温度38℃、湿度85%进行最后发酵约45分钟后取出。

6.小面团表面挤上蛋黄酱后，放上乳酪丝，撒上海苔粉，入烤箱，以上火200℃、下火180℃，烘焙约15分钟即可。

苹果面包 30厘米×40厘米烤盘2个

【材料】

A.干酵母·······················20克
　盐···························15克
　奶水····················390毫升
　细砂糖····················250克
　鸡蛋·······················125克
B.中筋面粉················1030克
C.奶油·······················165克

【做法】

1. 将所有材料A置于大盆中一起拌匀至颗粒溶解。

2. 将中筋面粉倒入上述材料中，用橡皮刮刀拌匀成面团后，即可将奶油加入面团中，可以将面团于台面上不断甩打，以利面团出筋，至面团表面光滑不粘手即可。

3. 此时即可将面团滚圆，置于抹油的容器中，盖上保鲜膜以防表面干燥结皮，进行基础发酵10分钟。

4. 完成基础发酵后的面团，即可擀平成约0.5厘米厚度，和家用烤箱烤盘一样的大小。

5. 在面皮上压线，用牙签戳洞后，松弛30分钟进行最后发酵。

6. 最后发酵完成后，入烤箱以上火220℃、下火160℃烤10~12分钟。

7. 烤焙出炉后，待冷却即可分切成小块。

准备篇

面包篇

土司篇

蛋糕篇

饼干篇

西式点心篇

中式点心篇

草莓夹心面包 约15个

【面和馅的比例】
基础甜面团60克（做法见P.46）：
草莓果酱30克

【夹心馅材料】
市售草莓果酱……………… 适量
椰子粉 …………………… 适量

备注 基础甜面团做法请见P.46。

【做法】
1. 将完成基本发酵的面团分割成每个60克，滚圆静置松弛15分钟。
2. 将每个面团擀成长椭圆形(长度约20厘米)，横放卷起，进行45分钟的最后发酵。
3. 最后发酵完成后，入烤箱以上火200℃、下火160℃烤15分钟左右即可。
4. 烤焙出炉后待冷却，取2个烤好的面包，其中1个在平的那一面涂抹果酱，叠上另一块(平的部分相粘)。
5. 从面包中心对切成2份，于面包重叠的圆周沾上椰子粉即可。

墨西哥奶酥 约10个

【主面团材料】
高筋面粉167克、奶粉14克、细砂糖40克、盐5克、水67毫升、鸡蛋20克、奶油40克

【中种面团材料】
高筋面粉167克、新鲜酵母10克、水100毫升

【奶酥馅材料】
酥油56克、糖粉58克、鸡蛋15克、奶粉73克

【墨西哥皮材料】
低筋面粉142克、细砂糖114克、盐1克、鸡蛋100克、酥油142毫升

【其他材料】
巧克力豆适量

【做法】
1.将中种面团材料全部放入搅拌缸中,先用低速拌至成团,再改中速搅拌至面团拉开呈透光薄膜状的完全扩展阶段。

2.将面团滚圆,移入发酵箱,以温度28℃、相对湿度75%进行基础发酵约90分钟。

3.除奶油外的主面团材料全都倒入搅拌缸中,并加入撕成小块的做法2中种面团,一起搅拌至成团后再加入奶油,继续搅拌至面团光亮不粘手、拉开有筋度的完成阶段(可加一点色拉油,较容易取出)。

4.面团分割成每个约60克的小面团,分别滚圆后盖上塑料袋,静置松弛约10分钟。

5.奶酥馅材料中的糖粉先过筛,再将全部材料放入搅拌缸中,用桨状搅拌器搅拌至微发泡,即成奶酥馅备用。

6.将墨西哥皮材料中的低筋面粉先过筛,再将全部材料放入搅拌缸中,搅拌至变白后,装入挤花袋中备用。

7.将小面团中间包入奶酥馅,放入烤盘中,移入发酵箱,以温度38℃、湿度85%进行最后发酵约45分钟后取出。

8.表面挤上墨西哥皮,由中间向外挤绕约3圈,再撒上适量巧克力豆,入烤箱以上火200℃、下火180℃,烘烤约12分钟即可。

硬式面包的特性是内部组织细致、结实，具有浓郁麦香味，表皮松脆，保存时间较久。硬式面包并不是整块面包都很硬，通常是外表硬脆有嚼劲，但内部还是Q软可口。因为硬式面包调味单纯，往往更容易品尝到烘焙的美味，可以咀嚼出浓郁又新鲜的淀粉香味，而且因为硬式面包比较低油脂、低糖分，也被视为是比较健康的面包。

硬式面包

法国面包 约4个

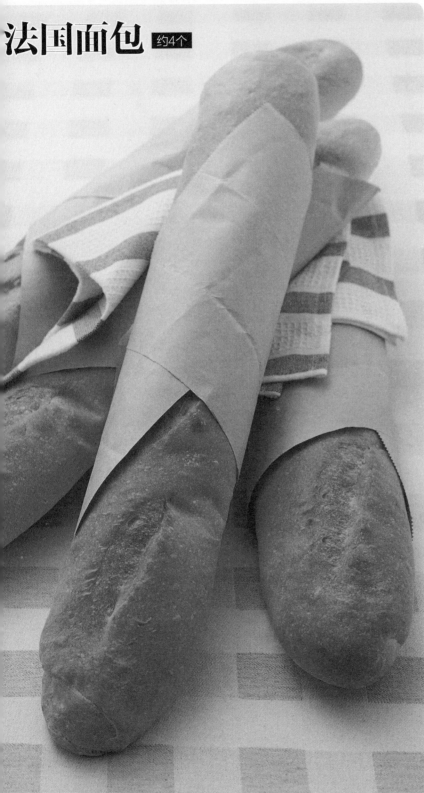

准备篇
面包篇
土司篇
蛋糕篇
饼干篇
西式点心篇
中式点心篇

【主面团材料】

低筋面粉…………258克
盐…………17克
水…………224毫升

【中种面团材料】

高筋面粉…………603克
新鲜酵母…………15克
水…………362毫升

【做法】

1. 将中种面团材料全部放入搅拌缸中，先用低速拌至成团，再改中速搅拌至面团拉开呈透光薄膜状的完全扩展阶段。
2. 将面团滚圆，移入发酵箱，以温度28℃、相对湿度75%进行基础发酵约90分钟。
3. 将主面团材料全都倒入搅拌缸中，并加入撕成小块的做法2中种面团，搅拌至面团光亮不粘手、拉开有筋度的完成阶段（可加一点色拉油，较容易取出）。
4. 面团分割成每个约350克的小面团，分别滚圆后盖上塑料袋，静置松弛约10分钟。
5. 将小面团整形成长条状，移入发酵箱，以温度38℃、湿度85%进行最后发酵约45分钟，膨胀至8分大时取出，放至表面结皮，再用刀在表面斜划上5刀，入烤箱，以上火200℃、下火180℃，烘焙约20分钟即可。

大蒜面包 约10个

【主面团材料】
高筋面粉……………167克
奶粉…………………14克
细砂糖………………40克
盐……………………5克
水……………………67毫升
鸡蛋…………………20克
奶油…………………40克

【中种面团材料】
高筋面粉……………167克
新鲜酵母……………10克
水……………………100毫升

【其他材料】
市售大蒜酱……………适量
巴西里末………………适量

【做法】
1. 将中种面团材料全部放入搅拌缸中，先用低速拌至成团，再改中速搅拌至面团拉开呈透光薄膜状的完全扩展阶段。
2. 将面团滚圆，移入发酵箱，以温度28℃、相对湿度75%进行基础发酵约90分钟。
3. 除奶油外的主面团材料全都倒入搅拌缸中，加入撕成小块的做法2中种面团，一起搅拌至成团后再加入奶油，搅拌至面团光亮不粘手、拉开有筋度的完成阶段（可加些色拉油，较易取出）。
4. 面团分割成每个约60克的小面团，分别滚圆后盖上塑料袋，静置松弛约10分钟。
5. 小面团整形成橄榄形后移入发酵箱中，以温度38℃、湿度85%进行最后发酵约45分钟。
6. 取出后在表面直割1刀，入烤箱以上火200℃、下火180℃烘焙约10分钟后取出，抹上市售大蒜酱、撒上巴西里末，再继续烤焙至熟即可。

瑞士乡村面包 约10个

准备篇

面包篇

土司篇

蛋糕篇

饼干篇

西式点心篇

中式点心篇

【主面团材料】

黑麦粉 ············136克
杂粮粉 ············136克
红糖 ··············27克
盐 ················14克
小麦蛋白粉 ·······41克
改良剂 ············1克
水 ············183毫升
橄榄油 ·······34毫升

【中种面团材料】

高筋面粉 ········272克
全麦面粉 ········136克
速溶酵母 ·········7克
水 ············273毫升

【做法】

1. 将所有中种面团材料一起放入搅拌缸中，以慢速搅拌至无干粉状态，转中速搅拌至成面团，续以中速搅拌至面团光滑有筋度，即拉扯面团可感觉到略有弹性时取出面团。

2. 将面团滚圆，放入钢盆中移入发酵箱，以温度28℃、相对湿度75%进行基础发酵约90分钟。

3. 将主面团材料中的水取适量倒入容器中，加入改良剂搅拌均匀。

4. 将橄榄油以外的所有主面团材料一起放入搅拌缸中，加入撕成小块的做法2中种面团，以慢速搅拌至无干粉状态，转中速搅拌至成面团。

5. 加入橄榄油，续以中速搅拌至面团拉开呈透光薄膜状的扩展阶段，面团取出。

6. 将搅拌好的面团分割成每个约300克的小面团，分别滚圆后封上保鲜膜，静置松弛10~15分钟。

7. 将松弛好的面团再次滚圆，放入烤盘中移入发酵箱，以温度38℃、湿度85%进行最后发酵约45分钟至体积膨胀为1倍大。

8. 取出后在表面均匀撒上全麦面粉（分量外），再以割刀在表面斜划出十字刀纹。

9. 移入预热好的烤箱中，以上火210℃、下火180℃烘烤约25分钟即可。

北欧坚果面包 约6个

【主面团材料】

黑麦粉180克、全麦面粉422克、小麦蛋白粉53克、细砂糖21克、盐21克、水343毫升、橄榄油106毫升

【中种面团材料】

高筋面粉634克、新鲜酵母33克、水380毫升

【其他材料】

核桃50克、黑葡萄干50克、白葡萄干50克、蔓越莓50克、松子50克、朗姆酒适量、高筋面粉少许

【做法】

1. 黑麦粉泡水；核桃烤熟；黑葡萄干、白葡萄干泡朗姆酒中备用。

2. 将中种面团材料全部放入搅拌缸中，先用低速拌至成团，再改中速搅拌至面团拉开呈透光薄膜状的完全扩展阶段。

3. 将面团滚圆，移入发酵箱，以温度28℃、相对湿度75%进行基础发酵约90分钟。

4. 将主面团材料全部倒入搅拌缸中，并加入撕成小块的做法3中种面团，搅拌至面团光亮不粘手、拉开有筋度的完成阶段，再加入核桃、葡萄干继续搅拌至均匀（可加一点色拉油，较容易取出）。

5. 面团分割成每个约300克的小面团，分别滚圆后盖上塑料袋，静置松弛约10分钟。

6. 将小面团擀成牛舌状，放入蔓越莓及松子，卷起成橄榄形，移入发酵箱，以温度38℃、湿度85%进行最后发酵约45分钟后取出；表面划开2刀，入烤箱前撒上一层高筋面粉（分量外），以上火200℃、下火180℃，烘焙约20分钟即可。

蓝莓高纤面包 约6个

准备篇

面包篇

土司篇

蛋糕篇

饼干篇

西式点心篇

中式点心篇

【主面团材料】

高筋面粉·············425克
全麦面粉·············425克
速溶酵母·················11克
盐·························17克
水····················552毫升
细砂糖··················51克
小麦蛋白粉···········34克
麦芽精···················8克
橄榄油················51毫升

【其他材料】

蓝莓干················100克
朗姆酒··················适量

【做法】

1. 将蓝莓干放入容器中，加入朗姆酒略为浸泡软化。
2. 将橄榄油以外的所有主面团材料一起放入搅拌缸中，以慢速搅拌至无干粉状态，转中速搅拌至成为面团。
3. 加入橄榄油，续以中速搅拌至面团拉开呈透光薄膜状的完全扩展阶段。
4. 将面团滚圆，以温度计测量面团中心温度需为26~27℃，放入钢盆中移入发酵箱，以温度28℃、相对湿度78%进行基础发酵约60分钟。
5. 发酵完成后，取出再次滚圆以释放气体，续放入发酵箱中继续发酵约30分钟。
6. 取出后，分割成每个约250克的小面团，分别滚圆后封上保鲜膜，静置松弛10~15分钟。
7. 将松弛好的面团以擀面棍擀开成长椭圆形，均匀撒上蓝莓后卷起成橄榄形，放入烤盘中移入发酵箱，以温度38℃、相对湿度85%进行最后发酵40~45分钟至体积膨胀为1倍大。
8. 取出后置于常温中3~5分钟使表面结皮，再以割刀在表面斜划出3条刀纹，移入预热好的烤箱中，以上火210℃、下火180℃烘烤约25分钟即可。

红薯面包 约10个

【主面团材料】
低筋面粉················222克
盐····················15克
水····················192毫升

【中种面团材料】
高筋面粉················517克
新鲜酵母················12克
水····················310毫升

【其他材料】
黑芝麻··················30克
红薯····················1个
水····················150毫升
细砂糖··················150克

【做法】

1. 将中种面团材料全部放入搅拌缸中，先用低速拌至成团，再改中速搅拌至面团拉开呈透光薄膜状的完全扩展阶段。

2. 将面团滚圆，移入发酵箱，以温度28℃、相对湿度75%进行基础发酵约90分钟。

3. 将主面团材料全部倒入搅拌缸中，并加入撕成小块的做法2中种面团，搅拌至面团光亮不粘手、拉开有筋度的完成阶段，再加入黑芝麻继续搅拌至均匀（可加一点色拉油，较容易取出）。

4. 面团分割成每个约120克的小面团，分别滚圆后盖上塑料袋，静置松弛约10分钟。

5. 其他材料中的水加上细砂糖，以小火煮滚后，放入去皮切小块的红薯，煮约1分钟后熄火，再继续闷约5分钟后，捞出放凉备用。

6. 将小面团整形成长条状，包裹红薯后，整形成橄榄状，移入发酵箱，以温度38℃、湿度85%进行最后发酵约45分钟，入烤箱，以上火200℃、下火180℃，烘焙约20分钟即可。

胡萝卜辫子面包 约2个

【主面团材料】

低筋面粉…………118克　　改良剂…………1克
胡萝卜粉…………18克　　水…………41毫升
细砂糖…………47克　　橄榄油…………59毫升
盐…………8克

【中种面团材料】

高筋面粉…………471克
速溶酵母…………6克
水…………283毫升

【做法】

1. 将所有中种面团材料一起放入搅拌缸中，以慢速搅拌至无干粉状态，转中速搅拌至面团有筋度，即拉扯面团可感觉到略有弹性时取出面团。

2. 将面团滚圆，放入钢盆中移入发酵箱，以温度28℃、相对湿度75%进行基础发酵约90分钟。

3. 将主面团材料中的水取适量倒入容器中，加入改良剂搅拌均匀。

4. 将橄榄油以外的所有主面团材料一起放入搅拌缸中，加入撕成小块的做法2中种面团，以慢速搅拌至无干粉状态，转中速搅拌至成团。

5. 加入橄榄油，续以中速搅拌至面团光亮不粘手，拉开呈透光薄膜状的完全扩展阶段，取出面团。

6. 将面团分割成每个约50克的小面团（见图1），分别滚圆后封上保鲜膜（见图2），静置松弛约10分钟。

7. 将松弛好的小面团以擀面棍擀开成长的椭圆形（见图3），再从宽的一面卷起成长条形（见图4），以手搓至约20厘米长（见图5），封上保鲜膜静置松弛约10分钟；每5条排列成扇形（见图6），依序将第2条拉至成第3条、第5条拉至成第2条、第1条拉至成第3条，重复此步骤至编至结尾处后捏紧收口（见图7~8）。

8. 放入烤盘中移入发酵箱，以温度38℃、湿度85%进行最后发酵约45分钟至体积膨胀为1倍大，取出并移入预热好的烤箱中，以上火180℃，下火180℃烘烤约30分钟即可。

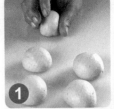

芝麻面包 约6个

【材料】

A. 高筋面粉 ·················746克
速溶酵母 ·················11克
裸麦面粉 ·················160克
全麦面粉 ·················160克
盐 ···························21克
麦芽精 ·······················2克
改良剂 ·······················2克
水 ·······················639毫升
橄榄油 ··················64毫升
黑芝麻 ·····················85克
B. 黑芝麻 ·····················50克
白芝麻 ·····················50克

【做法】

1. 取适量水倒入容器中，依序加入麦芽精与改良剂搅拌均匀（见图1）。
2. 将其余材料A（除橄榄油、黑芝麻外）一起放入搅拌缸中，以慢速搅拌至无干粉状态，转中速搅拌至成为面团（见图2~3）。
3. 加入橄榄油（见图4），续以中速搅拌至面团拉开呈透光薄膜状的完全扩展阶段（见图5），加入黑芝麻续搅拌数次至均匀，即取出面团。
4. 将面团滚圆，以温度计测量面团中心温度需为26~27℃（见图7），放入钢盆中移入发酵箱（见图8），以温度28℃、相对湿度78%进行基础发酵约60分钟。
5. 待发酵完成，取出再次滚圆以释放气体（见图9），续放入发酵箱中继续发酵约30分钟，即为直接面团。
6. 将直接面团分割成每个约300克的小面团（见图10），滚圆后封上保鲜膜，静置松弛10~15分钟。
7. 将松弛好的小面团以擀面棍擀开（见图11~12），再卷起呈橄榄形，（见图13）并将表面均匀沾上混合的黑芝麻、白芝麻（见图14），放入烤盘中移入发酵箱，以温度38℃、相对湿度85%进行最后发酵40~45分钟至体积膨胀为1倍大。
8. 取出后置于常温中3~5分钟使表面结皮，再以割刀在表面斜划出4条刀纹（见图15）。
9. 移入预热好的烤箱中，以上火200℃、下火180℃烘烤约25分钟即可。

准备篇
面包篇
土司篇
蛋糕篇
饼干篇
西式点心篇
中式点心篇

原味贝果 约10个

【材料】

高筋面粉·····················500克
红糖························20克
盐··························8克
水·······················290毫升
新鲜酵母····················10克
水·······················1000毫升
细砂糖·····················40克

【做法】

1. 将高筋面粉、红糖、盐倒入大钢盆中（见图1）。
2. 倒入水，均匀搅拌面粉和水，使之混合成团（见图2）。
3. 加入新鲜酵母，将之充分和匀于面团中（见图3）。
4. 将面团移置桌面上，用力地搓揉15~20分钟（见图4），直到面团表面光滑、质地柔软。
5. 将面团展延，可成为一个微微透明的薄膜为止（见图5）。
6. 将面团分割成每个约80克的小面团（共10个），并分别滚圆（见图6）。
7. 将滚圆的小面团，从正中间用大拇指戳1个洞，并将面团整形成圈状（见图7）。
8. 盖上塑料袋（保鲜膜亦可），使之发酵15~20分钟（见图8）。
9. 取一锅，倒入水和细砂糖，以中火煮沸（见图9）。
10. 将发酵完毕的面团放入做法9的开水中（见图10），两面各煮约1分钟，即可捞起置于烤盘上。
11. 烤箱预热220℃，将做法10煮过的贝果，放入烘烤18~22分钟，至外表呈金黄色时即可取出。

准备篇
面包篇
土司篇
蛋糕篇
饼干篇
西式点心篇
中式点心篇

奶酪贝果 约11个

【材料】

A. 高筋面粉 ·················500克
细砂糖 ·····················15克
盐 ·····························8克
水 ························290毫升
新鲜酵母 ·················10克
高溶点奶酪 ·············50克
什锦香料 ···················8克
B. 水 ·····················1000毫升
细砂糖 ·····················40克
帕玛森奶酪粉 ·········110克

【做法】

1. 将高筋面粉、细砂糖、盐，倒入大钢盆中，再倒入290毫升的水，均匀搅拌面粉和水，使之混合成团状，最后加入新鲜酵母，使之充分和匀于面团中。

2. 将面团移置桌面上，用力搓揉15~20分钟，直到表面光滑、质地柔软，将面团展延至成为一个微微透明的薄膜为止；再倒入已切好的高溶点奶酪丁和综合香料拌匀，即可把面团分割成每个约80克的小面团，并分别滚圆。

3. 将小面团先从正中间用大拇指戳1个洞，再整形成圈状，即可盖上塑料袋，使之发酵15~20分钟。

4. 取一锅，倒入1000克的水和细砂糖，以中火煮沸后，放入小面团，两面各煮约1分钟，即可捞起置于烤盘上。

5. 将帕玛森奶酪粉均匀洒在小面团上，烤箱预热220℃，放入烘烤18~22分钟，至外表呈金黄色时即可取出。

杏仁面包棒 约20个

【材料】

高筋面粉········· 673克
速溶酵母··········4克
杏仁粉···········75克
细砂糖············7克
盐··············15克
牛奶··········449毫升
奶油············37克

【装饰材料】

杏仁角············适量

【做法】

1. 将奶油以外的所有材料一起放入搅拌缸中，以慢速搅拌至无干粉状态，转中速搅拌至成为面团。
2. 加入奶油，续以中速搅拌至面团拉开呈透光薄膜状的完全扩展阶段。
3. 将面团滚圆，以温度计测量面团中心温度需为26~27℃，放入钢盆中移入发酵箱，以温度28℃、相对湿度78%进行基础发酵约60分钟。
4. 待发酵完成，取出再次滚圆以释放气体，续放入发酵箱中继续发酵约30分钟。
5. 将面团分割成每个约60克的小面团，分别滚圆后封上保鲜膜，静置松弛10~15分钟。
6. 将松弛好的小面团以擀面棍擀开，横向卷起搓成长条状，表面均匀沾上杏仁角并稍微压入面团中，放入烤盘中移入发酵箱，以温度38℃、相对湿度85%进行最后发酵40~45分钟至体积膨胀为1倍大。
7. 移入预热好的烤箱中，以上火200℃、下火200℃烘烤约5分钟，续将温度调整为上火150℃、下火150℃，打开气门再烘烤约15分钟，当表面呈干燥状即可。

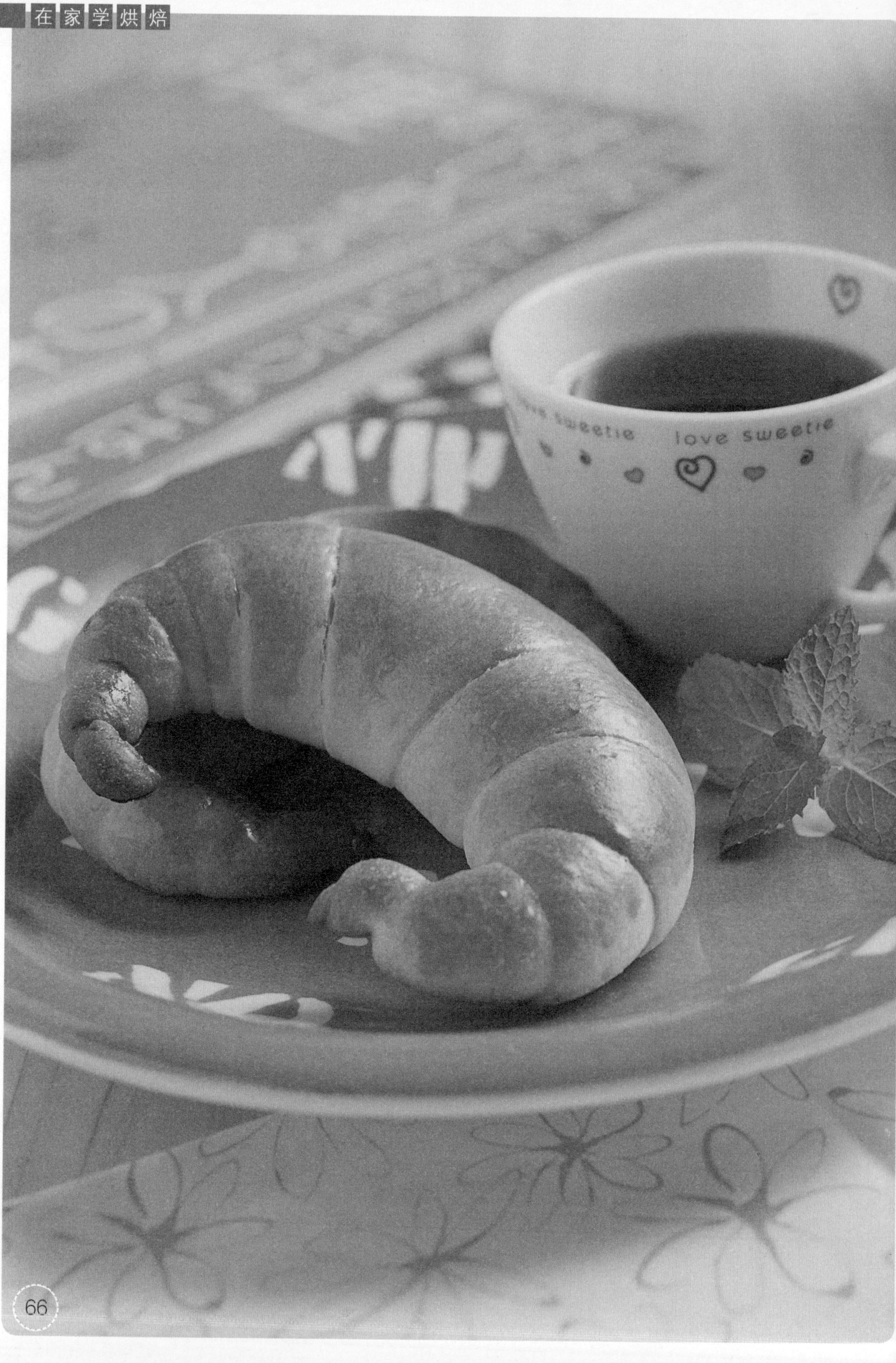
love sweetie
love sweetie

硬式牛角面包 约12个

【主面团材料】
低筋面粉 ···················· 207克
细砂糖 ······················ 100克
盐 ······························· 6克
全蛋 ·························· 25克
奶水 ·························· 78毫升
奶油 ·························· 66克

【中种面团材料】
高筋面粉 ···················· 207克
速溶酵母 ······················ 3克
水 ···························· 104毫升

【装饰材料】
三花奶水 ···················· 少许

【做法】

1. 先将中种面团的材料全部放入搅拌缸中，用勾状拌打器搅拌，将面团搅拌至扩展阶段（见图1），加入少许的色拉油（材料外），再用慢速拌数下即可取出。

2. 面团滚圆后，将接口朝下（见图2），再放进大的钢盆中，进行基础发酵约90分钟即可。

3. 将主面团中，除了奶油外的全部材料倒入搅拌缸中，并将做法2的中种面团撕成小块状，加入搅拌缸中与主面团混合（见图3），再用勾状拌打器搅拌成团。

4. 加入奶油继续搅拌至完成阶段（即撑开可拉出薄膜状，且破裂处呈完整圆洞）（见图4~5），再加入少许的色拉油（材料外），用慢速拌数下即可取出。

5. 将面团分割成每个60克后进行滚圆（见图6~7），完成后表面覆盖一层塑料袋以预防结皮（见图8），再静置松弛10分钟即可。

6. 使用擀面棍将面团头部的部分往两侧擀开（见图9），再用左手一边适度拉直面团尾部，并将它均匀擀薄，至呈现出水滴的形状即可（见图10）。

7. 在水滴状面皮较宽的底边中央切一小裂口（见图11），再将面皮由底边向尖端卷起使成牛角形（见图12），卷到最后时，将尖端放在卷好的面皮底下即可（见图13~14）。

8. 将整形后的牛角间隔排入烤盘中，再进行最后发酵约45分钟，直到面团厚度膨胀到1倍大。

9. 用毛刷在牛角表面刷上三花奶水后入炉（见图15），以烤箱温度上火200℃、下火180℃，烤焙约20分钟即可。

准备篇
面包篇
土司篇
蛋糕篇
饼干篇
西式点心篇
中式点心篇

大理石牛角面包 约24个

【主面团材料】

低筋面粉·················· 207克
细砂糖··················· 100克
盐······················· 6克
鸡蛋····················· 25克
奶水····················· 78毫升
奶油····················· 66克

【中种面团材料】

高筋面粉·················· 207克
速溶酵母················· 3克
水······················· 104毫升

【内馅材料】

市售巧克力酱············ 适量

【装饰材料】

三花奶水················· 少许

【做法】

1. 将中种面团与主面团做成牛角面团（做法请见P.67做法1~4）。

2. 将面团滚圆后，松弛10分钟左右后，再用擀面棍由面团中间向上下两端，均匀擀开成长形面皮。再将巧克力酱涂抹于面皮上后，将面皮折成3折（擀开后再折3折的动作需重覆3次）。再擀成厚薄度约0.3厘米、长54厘米、宽32厘米大小之长方形，再于表面覆盖一塑料袋以预防结皮，再静置松弛10分钟即可（见图1~5）。

3. 用滚轮刀或刀子把面皮不规则的边端去掉（见图6），再切成每个底为9厘米、高16厘米的三角形。

4. 把每个切好的三角形面皮的底边中央切一小裂口（见图7），再将面皮由底边向尖端卷起使成牛角形，卷到最后时将尖端放在卷好的面皮底下。

5. 将整形后的牛角间隔距离一致排入烤盘中（见图8），进行最后发酵40~60分钟，直到面团厚度膨胀到1倍大。

6. 用毛刷在牛角表面上刷一层三花奶水后入炉，以烤箱温度上火200℃、下火200℃，烤焙约20分钟。

动物造型面包

准备篇
面包篇
土司篇
蛋糕篇
饼干篇
西式点心篇
中式点心篇

【主面团材料】
低筋面粉…………207克
细砂糖……………100克
盐……………………6克
鸡蛋………………25克
奶水………………78毫升
奶油………………66克

【中种面团材料】
高筋面粉…………207克
速溶酵母……………3克
水………………104毫升

【装饰材料】
草莓果酱…………少许
三花奶水…………少许
溶化的黑巧克力……适量

【烘焙做法】
1. 将整形后的刺猬、小猪，和兔子面团，间隔距离一致排入烤盘中，再进行最后发酵40~60分钟，直到面团厚度膨胀到1倍大；兔子造型的眼睛部位放入草莓果酱。
2. 将面团表皮刷上一层三花奶水后入炉，以烤箱温度上火200℃、下火180℃，烤焙约20分钟。
3. 使用牙签沾裹事前已溶化的黑巧克力，在刺猬与小猪成品上点出眼睛等部位即可。

【整形做法】

A. 刺猬造型（数量：4个）
1. 将中种面团与主面团做成牛角面团（做法请见P.67做法1~4），再将面团分割成3等份。
2. 取其中一份面团，分割成每个60克，约4个，整形成橄榄形后，再将面团2／3的部分，皆以平均间隔的方式，用剪刀剪成"V"字形即可。

B. 小猪造型（数量：3个）
1. 将做法A做法1中的另一等份面团，分割成每个60克与10克，各约3个，先将每个60克的面团滚圆后压平，再将每个10克的面团，皆做成1个椭圆形（当做鼻子），及2个小椭圆形（当做耳朵）。
2. 将做法1的材料组合成小猪面部造型，再于鼻子上的左右边各戳1个洞。

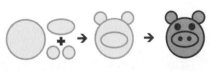

C. 兔子造型（数量：4个）
1. 将另一等份面团，分割成每个60克，约4个。
2. 先将每个60克的面团滚圆后，再搓成两端细、中间粗，且长度约20厘米的长条形，再绕成"8"字形，并将两端突出，以作为兔子的耳朵。

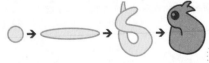

丹麦面包

外观层次分明、表皮酥脆呈金黄色，而内部组织松软，口感酥松、丰富，可以直接单吃，也可以涂抹果酱或加入其他馅料来增添更多风味。由于奶油是制作面团时的主要材料，所以面包本身也比许多种类的面包更具奶油独特的浓郁香气。

Q&A
解答丹麦面包酥皮的疑惑

Q 酥皮常常要将面皮折叠，但食谱中常写着要"3折3次""4折4次"，这是什么意思呢？

A 这是指将面皮裹入油折叠的方法和次数，面皮经过折叠以后，就能构成有层次的组织。折叠的次数越多，层次就会越多，膨胀力也会比较弱。但是如果折叠的次数太少的话，它的层次相对的也会较为粗糙。

酥皮折叠的方法

3折3次法：
1. 将包入油脂的面皮先擀成长方形状，长度约为宽度的3倍。
2. 再将面皮分为3等份，把1/3的面皮向中间处往内折叠。
3. 再将剩余的1/3面皮向中间处折叠，即可形成3层的面皮形状。
4. 以上动作重覆3次即为3折3次法。

4折3次法：
1. 将包入油脂的面皮先擀成长方形状，长度约为宽度的4倍。
2. 将两端各1/4的面皮往中间处向内折叠。
3. 再将做法2已折叠的部分对叠在一起，即可形成4层的面皮形状。
4. 以上动作重覆3次即为4折3次法。

Q 经过折叠后的酥皮，为什么要将它静置松弛呢？松弛多久才算足够呢？

A 酥皮经过擀压折叠后，不论你是要制作出3折3次或是4折3次，都一定要在每一次折叠后给它适当的松弛时间，否则面皮在擀开折叠时，容易因为收缩而导致成品的失败。至于让面皮松弛的时间最好是能给予30分钟以上的时间来做静置松弛会较为恰当。

Q 没时间亲手制作酥皮，该怎么办呢？

A 由于制作酥皮的时间会花费比较久的时间来等待面皮松弛。因此如果真的没有时间亲手制作酥皮的话，那么利用市售冷冻的酥皮来替代也是一种好方法。只要配合本书食谱上的馅料制作，那么你也可以制作出不一样的美味酥皮点心。

牛角面包制作 Q&A

Q1 制作牛角可颂面包时，除了裹入油之外，可否以奶油或其他的固体油脂替代？

A

牛角可颂面包注重一片片的层次感，具有酥松的特色和浓郁的奶油香味。而裹入油包裹在面团内主要是用来隔离面皮层次的，选用裹入用的油脂必须有两个条件。

第一个条件是油脂的熔点要高。裹入油的熔点较高，为44℃以上，一般西点常用的油脂熔点较低，在38~40℃之间，并不适合用来制作牛角可颂面包。这主要是因为油脂熔点低，在折叠操作的过程中，容易软化并从面皮隔层内渗出，以致失去隔离的作用。

第二个条件是裹入用的油脂可塑性要好。所谓可塑性，指的是油的软硬度适中，在操作时可塑成不同的形状。这种油裹入面团内，可以在折叠过程中被塑成同面皮的薄度，且均匀地分布在每一层面皮之间，使面皮不相互沾粘，进而达到最佳的烘焙膨胀状态。

总之，裹入用的油，其熔点对牛角可颂面包最后的成品好坏影响很大。原则上以品质纯、香味自然为首选，尤其熔点和软硬的程度一定要与面团一致。如果太硬，铺在面皮上折叠时，油的颗粒会刺穿进入面团的层次内，当折叠到最后一次时，会破坏了各层次的面皮，成为一块油面皮，而不是层次分明的牛角可颂裹油面团。

Q2 如何判断牛角可颂与硬式牛角面包烤熟与否？

A

烘焙牛角可颂面包时烤箱温度不宜太高，否则容易焦黑；温度也不能太低，太低会漏油。牛角可颂面包烤到干酥状即可；硬式牛角面包则可触摸牛角中心，感觉有弹性即可。

牛角可颂面包 约24个

【材料】

			【装饰材料】
高筋面粉⋯⋯⋯398克	盐⋯⋯⋯⋯⋯9克	奶油⋯⋯⋯⋯28毫升	三花奶水⋯⋯⋯少许
低筋面粉⋯⋯⋯171克	冰水⋯⋯⋯⋯273毫升	裹入油⋯⋯⋯263克	
速溶酵母⋯⋯⋯15克	鸡蛋⋯⋯⋯⋯57克		
细砂糖⋯⋯⋯⋯46克	奶粉⋯⋯⋯⋯23克		

【做法】

1. 将材料中除了奶油、裹入油以外的材料，全部放入搅拌缸中（见图1），用勾状拌打器搅拌成团。加入奶油继续搅拌至面团呈光滑状，再加入少许的色拉油（材料外），用慢速拌2下即可取出。

2. 将面团滚圆后，接口朝下（见图2），放入钢盆并封上保鲜膜，放入冰箱冷藏，松弛10~15分钟，至面团如耳垂的软度状即可。

3. 在桌面撒上少许的高筋面粉（材料外），取出已松弛的面团，先以按压的方式压出比裹入油面积2倍大的正方形；接着将已整成正方形的裹入油，放置于面团的中央（见图3），将面团4个角向中央折起拉拢，紧密包覆裹入油，接缝处需捏紧，以防擀压时裹入油会漏出（见图4）。

4. 于面团表面撒些高筋面粉（材料外），再用擀面棍由面团中间向上下两端，均匀擀开成长形面皮（见图5），再将面皮折成3折（擀开再折3折的动作重复3次）（见图6），装入塑料袋中封好，放入冰箱冷冻松弛30分钟。

5. 取出面团，用擀面棍从面团中心往对侧，再从中心朝身体处移动擀平面皮。擀成厚薄度约0.3厘米、长54厘米、宽32厘米大小之长方形（见图7），表面覆盖一层塑料袋，再静置松弛约10分钟即可。

6. 用滚轮刀或刀子把面皮不规则的边端去掉，把面皮切成每个长32厘米、宽9厘米的长条形（见图8），再自面皮长32厘米的中间处对切成一半，即成为每个长16厘米、宽9厘米的小长条形（见图9）；最后以对角斜切的方式，分成2个底为9厘米、高16厘米的三角形（见图10）。

7. 把每个切好的三角形面皮的底边中央切一小裂口，将面皮由底边向尖端卷起使成牛角形，卷到最后时将尖端放在卷好的面皮底下，并将牛角两端相接即可（见图11~14）。

8. 将整形后的牛角间隔距离一致地排入烤盘中，进行最后发酵40~60分钟，直到面团厚度膨胀到1倍大；用毛刷在牛角表面刷一层三花奶水后入炉（见图15），以烤箱温度上火200℃、下火200℃，烤焙约20分钟即可。

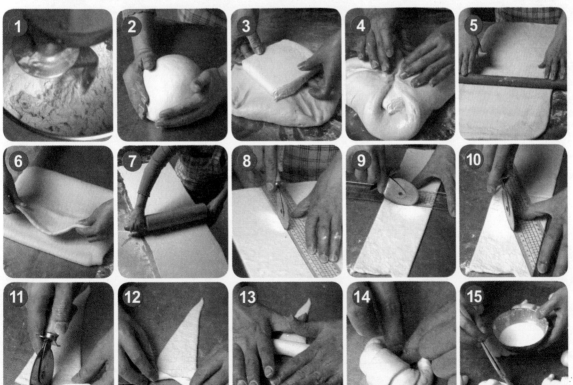

红豆丹麦面包 约3个

【材料】

高筋面粉	299克
低筋面粉	100克
新鲜酵母	24克
水	180毫升
盐	6克
细砂糖	60克
奶粉	24克
鸡蛋	60克
奶油	48克
裹入油	200克
红豆	100克

【做法】

1. 将材料中除了奶油、裹入油、红豆粒以外的材料，全部放入搅拌缸中，用低速搅拌至成团后，加入奶油改用中速搅拌至光亮有筋度即可取出。

2. 将裹入油整形成正方形，备用。

3. 将面团放在桌面展开成正方形（比裹入油大一点），再放入做法2的裹入油，将面团四角向内折使接缝处密合。

4. 将面团擀成长约45厘米、宽15厘米、厚薄度一致后，折成3折。

5. 再重复做法4擀开折3折后，放入冷藏松弛约15分钟，取出再3折第3次，放置松弛20分钟左右，再度展开为长40厘米、宽20厘米、厚度2厘米后，静置松弛。

6. 中间铺上红豆，再将面团对折切成3条，其中2刀不要断，编成辫子状后放入长方形烤模中。

7. 进行最后发酵，至膨胀为2倍大后入炉，以上火200℃、下火190℃，烘焙约20分钟即可。

水果丹麦 约20个

【面团材料】

高筋面粉·········150克
低筋面粉·········50克
新鲜酵母·········12克
水·············90毫升
盐··············3克
细砂糖···········30克
奶粉············12克
鸡蛋············30克
奶油············24克
裹入油···········100克

【其他材料】

蓝莓············适量
草莓丁··········适量
薄荷叶··········适量
市售卡士达馅····适量

【做法】

1. 将面团材料中除了奶油、裹入油以外的材料，全部放入搅拌缸中，用低速搅拌至成团后，加入奶油改用中速搅拌至面团光亮有筋度。
2. 将裹入油整形成正方形，备用。
3. 将面团放在桌面展开成正方形（比裹入油大一点），再放入做法2的裹入油，将面团四角向内折使接缝处密合。
4. 将面团擀成长约45厘米、宽15厘米、厚薄度一致后，折成3折。
5. 再重复做法4擀开折3折后，放入冷藏松弛约15分钟，取出再3折第3次，放置松弛约20分钟，再度展开为长48厘米、宽15厘米、厚度0.5厘米后，静置松弛。
6. 面团切成1厘米宽条状，卷起放入铝盘中，中间挤入卡士达馅，排入烤盘中进行最后发酵，至膨胀为2倍大。
7. 放入烤箱，以上火210℃、下火200℃，烘焙10~15分钟，出炉后以蓝莓、薄荷叶、草莓丁装饰即可。

Q心苹果面包 约15个

【面团材料】

高筋面粉······300克
低筋面粉······200克
新鲜酵母······25克
水··········170毫升
盐···········5克
细砂糖·········50克
奶粉··········25克
鸡蛋··········125克
奶油··········25克
裹入油·········350克

【内馅材料】

苹果馅·········300克
原味粿加蕉·····150克

【做法】

1. 将裹入油整形成正方形备用。

2. 将所有面团材料（除奶油、裹入油外）放入搅拌缸中，先用勾状拌打器以慢速拌至无干粉状，转中速拌成面团，加入奶油拌至光亮有筋度。

3. 将面团展开成比裹入油大一点的正方形，再放入做法1的裹入油，将面团的四个角向内折使接缝处密合。

4. 将面团擀成长约100厘米、宽约30厘米，且厚薄度一致后，将面团折成4折。

5. 重复做法4擀长与对折的动作1次，将面团放入冷藏松弛15~20分钟后，再取出重复1次做法4（共计3次）。

6. 将做法5的面团擀成厚度约1.5厘米，松弛15~20分钟。

7. 用圆形模型将面团压成圆形状，放入最后发酵至体积约2倍大；把面团中间向下压出一个凹洞，放入10克粿加蕉与20克苹果馅。

8. 将面团放入烤箱，以上火200℃、下火220℃，烤焙约12分钟即可。

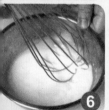

苹果馅

材料

苹果丁148克、奶油20克、水88克、玉米粉17克、细砂糖35克

做法

1. 带皮苹果洗净切丁，取平底锅烧热，放入奶油溶化，加入苹果丁拌炒（见图1~3）。

2. 取部分水将玉米粉溶化；将剩余的水与细砂糖一同煮至沸腾，倒入溶化的玉米粉，以打蛋器搅拌至糊化（见图4~6）。

3. 直至做法2的材料呈现透明状态后离火，再将苹果丁加入拌匀，即为苹果馅（见图7~8）。

准备篇

面包篇

土司篇

蛋糕篇

饼干篇

西式点心篇

中式点心篇

草莓卡士达 约8个

【面团材料】

高筋面粉·················150克
低筋面粉··················50克
新鲜酵母··················12克
水······················90毫升
盐························3克
细砂糖····················30克
奶粉·····················12克
鸡蛋·····················30克
奶油·····················24克
裹入油···················100克

【其他材料】

草莓·····················适量
市售卡士达馅···············适量
糖粉·····················适量

【做法】

1. 将面团中除了奶油、裹入油外的材料，全部放入搅拌缸中，用低速搅拌至成团后，加入奶油改中速搅拌至光亮有筋度后取出。
2. 将裹入油整形成正方形，备用。
3. 将面团放在桌面展开成正方形（比裹入油大一点），再放入做法2的裹入油，将面团四角向内折使接缝处密合。
4. 将面团擀成长约45厘米、宽15厘米、厚薄度一致后，折成3折。
5. 再重复做法4擀开折3折后，放入冷藏松弛约15分钟，取出再3折第3次，放置松弛约20分钟，再度展开为长40厘米、宽20厘米、厚度0.5厘米后，静置松弛。
6. 面团切成10×10厘米正方形，放入模型中，中间挤入卡士达馅，进行最后发酵，至膨胀为2倍大后入炉，以上火210℃、下火200℃，烘焙10~15分钟，出炉后再装饰切半草莓，并撒上适量糖粉即可。

77

起酥面包

起酥面包虽然未添加任何膨发剂，却能达到烤焙后酥松膨大的效果，主要就在于层层包裹入面团里的油脂。因为面团包覆了大量油脂，所以在经过层层相叠擀制之后，在加热时油脂溶化，就形成多层次的酥松口感。

法式酥皮包折法

【材料】

高筋面粉⋯⋯⋯⋯200克
低筋面粉⋯⋯⋯⋯80克
冰水⋯⋯⋯⋯⋯154毫升
细砂糖⋯⋯⋯⋯24克
白油⋯⋯⋯⋯⋯40克
市售裹入油⋯⋯⋯400克

【做法】

1. 将高筋面粉和低筋面粉混合后筑成粉墙，在中间处挖出凹槽状后，加入冰水、细砂糖、白油搅拌均匀（见图1~2）。

2. 把做法1的材料慢慢地用手整形成圆球状后，再静置松弛30公钟备用（见图3）。

3. 将面团使用擀面棍擀成正方形面皮，再把市售裹入油放置在面皮中央处（见图4）。

4. 将面皮的四角依序向内折叠后，再使用擀面棍擀平成长度为宽度4倍的面皮（见图5）。

5. 再取面皮两端各约1/4处向内折叠（见图6）。

6. 将面皮折叠出4层，并以保鲜膜包裹后，再静置松弛30分钟。反复做法4~6的动作共4次即可（4折4次）。

准备篇
面包篇
土司篇
蛋糕篇
饼干篇
西式点心篇
中式点心篇

拿破仑酥 约40个

【酥皮材料】

A. 高筋面粉 …………… 200克
　 低筋面粉 …………… 80克
　 冰水 ………………… 154毫升
　 白油 ………………… 40克

B. 市售裹入油 ………… 375克

【内馅及装饰材料】

奶油 …………………… 适量
核桃 …………………… 适量
碎松饼屑 ……………… 适量
糖粉 …………………… 少许

【做法】

1. 依酥皮材料A的分量和市售裹入油一起制作酥皮面团，其做法请参考P.78法式酥皮包折法制作。

2. 将做法1已完成的酥皮面团，用擀面棍擀成长65厘米、宽43厘米的长方形酥皮面皮后，放入烤盘内静置松弛30分钟。

3. 在酥皮面皮的表面上戳出数个小细洞后，再放入烤箱中以180℃烤到表面呈现出金黄色泽后，再翻面继续烤至酥脆即可。

4. 将烤熟的酥饼皮以刀子分切成4等份，每片都先涂抹上一层奶油后再撒上核桃。

5. 将做法4的材料相叠覆盖后，在酥皮的表面上涂抹一层奶油，再撒上碎松饼屑和糖粉即可切片食用。

79

华尔滋面包 约15个

【酥皮材料】

高筋面粉········· 360克
低筋面粉········· 90克
水··············· 270毫升
盐··············· 5克
白油············· 45克
细砂糖··········· 20克
起酥油··········· 340毫升

【内馅材料】

奶酥馅料········· 450克

【面包材料】

高筋面粉········· 320克
低筋面粉········· 80克
细砂糖··········· 75克
鸡蛋············· 1个
奶粉············· 32克
奶油············· 40克
水··············· 200毫升
酵母············· 5克
盐··············· 5克

【其他材料】

可可粉··········· 适量
蛋液············· 适量

【做法】

1.请依酥皮材料的分量制作酥皮面团后，再分成2等份的面团，取其一份依照P.78法式包折法制作，另一份面团则加入适量的可可粉搅拌均匀后，也依照法式包折法制作。

2.将做法1已完成的2份酥皮面团，各自使用擀面棍擀成0.3厘米厚度、大小皆一致的酥皮面皮，再重叠往内卷起来后，放入冰箱中冰硬后再取出切成约0.3厘米厚度的片状，使用擀面棍擀成圆形面皮。

3.取面包材料将面团搅拌完成并作基础发酵后，分成每份54克重的小面团，并松弛15分钟后，再包入奶酥馅料，放入烤盘中作最后的发酵。

4.在做法3的材料上面刷上一层蛋液后，再取做法2的圆形面皮覆盖在上面，放入烤箱中以上火180℃、下火190℃烤约20分钟。

奶酥馅料

 材料

糖粉125克、盐2克、奶油157克、奶粉157克、鸡蛋1个、耐烤焙巧克力豆50克、核桃50克

 做法

1.将糖粉、盐、奶油一同拌匀并且打发。

2.加入奶粉、鸡蛋、耐烤焙巧克力豆、核桃于做法1的材料中拌匀后即为奶酥馅料，再分成每份约30克重的奶酥馅料备用。

酥皮鸡蛋布丁 约15个

【酥皮材料】

高筋面粉·················360克
低筋面粉··················90克
水····················270毫升
盐·······················5克
白油·····················45克
细砂糖···················20克
起酥油··················340毫升

【其他材料】

市售鸡蛋布丁·············15个

【做法】

1. 请依酥皮材料的分量制作酥皮面团，其做法请参考P.78法式酥皮包折法制作。
2. 将做法1已完成的酥皮面团，用擀面棍擀成长60厘米、宽48厘米的长方形酥皮面皮后，静置松弛30分钟；再分切成数个12x12厘米的正方形酥皮面皮后，以斜对角的方式折叠成三角形。（参考图一）
3. 在三角形的底部两边，将距离边缘的面皮约1.5厘米的地方，用刀子切割出约7厘米的长度后展开面皮。（参考图二、图三）
4. 再以斜对角的方式，将面皮两端拉起互相穿越整形备用。（参考图四）
5. 将鸡蛋布丁放在面皮中间，再放入烤箱中以上火210℃、下火160℃烤约30分钟。

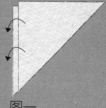

图一

7厘米

1.5厘米

图二

图三

图四

香料面包

香料面包是在面团中，添加各式浓郁风味的香料，如核果、干果，或各式干燥植物、香辛料等，以增添面包的风味。

薰衣草面包 约12个

【主面团材料】
低筋面粉…………… 222克
盐 ………………… 15克
水 ………………… 118毫升

【中种面团材料】
高筋面粉…………… 517克
新鲜酵母…………… 12克
水 …………………310毫升

【添加物】
薰衣草（干燥）… 5毫升

【做法】
1. 薰衣草泡软备用。
2. 将中种面团材料全部放入搅拌缸中，先用低速拌至成团，再改中速搅拌至面团拉开有筋度的扩展阶段。
3. 将面团滚圆，移入发酵箱，以温度28℃、相对湿度75%，进行基础发酵约90分钟。
4. 将主面团材料全都倒入搅拌缸中，并加入撕成小块的做法3中种面团，一起搅拌至面团光亮不粘手，拉开呈透光薄膜状的完成阶段，最后加入已泡软的薰衣草搅拌至均匀即可（可加一点色拉油，较容易取出）。
5. 将面团分割成每个约100克的小面团，分别滚圆后盖上塑料袋，静置松弛约10分钟，再整形成2条长条状，绕成螺旋圈状。
6. 移入发酵箱中，以温度38℃、湿度85%，进行最后发酵约45分钟，放入烤箱，以上火200℃、下火180℃，烤焙约20分钟即可。

葡萄肉桂面包 约10条

【材料】

A. 高筋面粉 ………… 517克
   新鲜酵母 ………… 12克
   水 ………… 310毫升
B. 低筋面粉 ………… 222克
   盐 …………15克
   水 …………118毫升
C. 肉桂粉 ………… 适量
   葡萄干 ………… 100克
   橘皮 ………… 50克
D. 蛋液 ………… 适量

【做法】

1. 将材料A全部放入搅拌缸中，先用低速拌至成团，再改中速搅拌至面团拉开有筋度的扩展阶段。
2. 将面团滚圆，移入发酵箱，以温度28℃、相对湿度75%，进行基础发酵约90分钟。
3. 将材料B全都倒入搅拌缸中，并加入撕成小块的做法2中种面团，一起搅拌至面团光亮不粘手，拉开呈透光薄膜状的完成阶段（可加一点色拉油，较容易取出）。
4. 将面团滚圆后盖上塑料袋，静置松弛约10分钟后，将面团擀开成长约40厘米、宽约30厘米，撒上肉桂粉，铺上葡萄干、橘皮，卷起后松弛约10分钟，切成宽约2厘米，上下分开，共切成9等份，放入烤盘中。
5. 移入发酵箱中，以温度38℃、湿度85%，进行最后发酵约45分钟，表面刷上蛋液，放入烤箱，以上火200℃、下火180℃，烤焙约20分钟即可。

养生枸杞面包 水果条模型约2条

【材料】

A.高筋面粉·········200克
　速溶酵母···········3克
　水··············120毫升
B.黑麦预拌粉·········50克
　盐················3克
　黑糖·············25克
　蜂蜜············12毫升
　奶粉··············8克
　水··············30毫升
　奶油·············12克
C.枸杞子············40克
　桂圆·············25克
　南瓜子···········25克
　朗姆酒············少许
　蛋液·············少许

【做法】

1. 将枸杞子、桂圆以朗姆酒略为浸泡；南瓜子放入烤箱中稍微烤出香味备用。

2. 将材料A全部放入搅拌缸中，以慢速拌打至无干粉状，转中速拌至面团拉开破裂处呈锯齿状的扩展阶段；将面团滚圆放入钢盆中，移入发酵箱中，以温度28℃、湿度75%，进行基本酸酵约90分钟至体积膨胀为2倍大。

3. 将材料B（奶油除外）全部放入搅拌缸中，加入做法2切成小块的中种面团，以慢速拌打至无干粉状，转中速拌至成团。

4. 加入奶油，搅拌至面团可拉出薄膜，且破裂处呈完整圆洞的完成阶段，加入枸杞子、桂圆、南瓜子以慢速搅拌均匀，滚圆放入钢盆中，移入发酵箱以温度28℃、湿度75%，进行二次发酵约30分钟。

5. 取出发酵好的面团分割为2个面团，分别滚圆并再次加盖放置松弛约15分钟，擀开成长条状，卷成圆筒状，即可入模；放入发酵箱中，以温度38℃、湿度85%，作最后发酵，至体积膨胀到模型的9分满处时，表面刷上蛋液，即可入烤箱烘烤，以上火160℃、下火180℃烤约25分钟。

蓝藻五谷面包 约6个

【材料】

A. 高筋面粉 ………… 286克
　 全麦面粉 ………… 286克
　 速溶酵母 …………… 2克
　 盐 ………………… 6克
　 冰水 …………… 371毫升
B. 高筋面粉 ………… 663克
　 黑麦粉 …………… 227克
　 蓝藻粉 …………… 18克
　 蛋清 ……………… 45克
　 速溶酵母 ………… 9克
　 盐 ……………… 18克
　 改良剂 …………… 2克
　 水 …………… 635毫升
C. 核桃 ……………… 60克
　 葡萄干 …………… 60克
D. 细谷杂粮 ……… 120克

【做法】

1. 将所有材料A放入搅拌缸，以慢速搅拌至无干粉状态，转中速搅拌至面团有筋度，拉扯面团可感觉略有弹，取出面团以温度计测量面团中心温度需为约24℃。
2. 将面团滚圆，放入钢盆中，封上保鲜膜，静置常温中发酵约1小时，续移入冰箱冷藏低温发酵18~24小时，此即为发酵种面团。
3. 取材料B中的水适量倒入容器中，加入改良剂搅拌均匀。续将剩余材料B放入搅拌缸，加入撕成小块的做法2发酵种面团，以慢速搅拌至无干粉状态，转中速搅拌至面团光亮不粘手，拉开呈透光薄膜状的完全扩展阶段。
4. 取出面团滚圆，以温度计测量面团中心温度需为26~27℃，放入钢盆中，封上保鲜膜，静置进行继续发酵约40分钟。将发酵好的面团分割成每个约300克小面团，分别滚圆后封上保鲜膜，静置松弛10~15分钟。
5. 将松弛好的面团擀开呈牛舌状，撒上核桃和葡萄干后卷起成圆柱形，放入烤盘移入发酵箱，以温度38℃、湿度85%进行最后发酵约45分钟，至体积膨胀为1倍大。
6. 取出后将表面均匀沾上细谷杂粮，再以割刀在表面斜划3条刀纹，移入预热好的烤箱中，以上火210℃、下火190℃烘烤约25分钟即可。

准备篇
面包篇
土司篇
蛋糕篇
饼干篇
西式点心篇
中式点心篇

脆皮面包

脆皮面包使用蒸气烤焙，使表皮酥脆、体积爆裂膨大，吃起来组织有弹性、富有口感。

玛格丽特面包 约4个

【材料】

A.高筋面粉 ·········· 538克
新鲜酵母 ············ 22克
水 ················ 323毫升

B.高筋面粉 ·········· 231克
盐 ·················· 14克
水 ················ 122毫升
奶油 ················ 28克

C.高筋面粉 ·········· 少许
黑芝麻 ············ 适量
水 ················ 毫升

【做法】

1.将材料A全部放入搅拌缸中；先用低速拌至成团，再改中速搅拌至面团拉开有筋度的扩展阶段。

2.将面团滚圆，移入发酵箱，以温度28℃、相对湿度75%，进行基础发酵约90分钟，即为中种面团。

3.将材料B（奶油除外）全都倒入搅拌缸中，并加入撕成小块的做法2的中种面团，一起搅拌成团后加入奶油，搅拌至面团光亮不粘手，拉开呈透光薄膜状（可加点色拉油较易取出），即为脆皮面团。

4.将面团分割成每个约300克的小面团，共4个；20克的小面团，共4个，分别滚圆后盖上塑料袋，静置松弛约10分钟（见图1）。

5.将300克的小面团压扁（见图2），再用筷子沾一点高筋面粉，再于面团上平均压出8等份（见图3）。

6.取20克的小面团再次滚圆后，表面沾水，再沾黑芝麻于中心点当中，需稍微压一下，使2个面团粘合（重复此做法，至材料用完为止）（见图4、图5、图6）。

7.移入发酵箱中，以温度38℃、湿度85%，进行最后发酵约45分钟，至膨胀到2倍大时取出，烘焙前先于面团表面喷些许水再放入烤箱，以上火200℃、下火180℃，烤焙约30分钟，至表面上色、侧边摸起来微硬即可。

拖鞋面包 约6个

【材料】

A. 高筋面粉 ………… 343克
　 全麦面粉 ………… 229克
　 速溶酵母 …………… 1克
　 麦芽 ………………… 3克
　 水 ………………… 412毫升
　 盐 ………………… 12克
B. 高筋面粉 …………… 适量

【做法】

1. 将材料A全部放入搅拌缸中，先用低速拌至成团，再改中速搅拌至面团拉开呈透光薄膜状的完全扩展阶段。
2. 将面团滚圆，移入发酵箱，以温度25℃、相对湿度60%进行基础发酵约20分钟。
3. 为使面团有筋度，所以将面团用拉扯的方式进行翻面，翻面后再放置室温中约20分钟进行发酵。
4. 同做法3，把面团用拉扯方式翻面，翻面后再静置约20分钟。
5. 此次面团的延展性更高，再次翻面，整个滚圆后放置室温约4小时。
6. 在桌面撒上高筋面粉后（材料外），铺上面团，将面团擀开折3折的动作重复2次，再将面团的四边向里折，松弛约10分钟。
7. 将面团擀成厚约2厘米的长方形，再静置松弛约5分钟，分割成6块，移入发酵箱，以温度26℃、湿度80%进行最后发酵；约20分钟后取出，入烤箱，以上火240℃、下火220℃，烘焙10~15分钟即可。

手镯面包 约15个

【材料】

A.高筋面粉·············269克
　新鲜酵母·············11克
　水·················162毫升
B.高筋面粉·············116克
　盐·················7克
　水·················100毫升
　奶油················14克
C.小苏打粉·············5克
　盐·················1克
　水·················200毫升

【做法】

1.将材料A全部放入搅拌缸中，先用低速拌至成团，再改中速搅拌至面团拉开有筋度的扩展阶段。

2.将面团滚圆，移入发酵箱，以温度28℃、相对湿度75%，进行基础发酵约90分钟，即为中种面团。

3.将材料B（奶油除外）全都倒入搅拌缸中，并加入撕成小块的做法2的中种面团，一起搅拌至成团后再加入奶油，搅拌至面团光亮不粘手、拉开呈透光薄膜状的完成阶段（可加点色拉油较易取出）。

4.混合所有材料C，拌匀成碱性液备用。

5.将面团分割成每个约50克的小面团，分别滚圆后盖上塑料袋，静置松弛约10分钟；取一面团，搓长至50厘米，两端绕成绳索状，表面刷上碱性液，静置松弛约20分钟（重复此做法，至材料用完为止）。

6.放入烤箱，以上火210℃、下火180℃，烤焙约20分钟即可。

意式脆饼 约20片

【材料】

糖粉	80克
奶油	53克
盐	3克
鸡蛋	300克
低筋面粉	201克
泡打粉	2克
核桃	80克

【做法】

1. 将糖粉、奶油、盐放入干净无水的钢盆中，搅打至微发状态，分数次加入鸡蛋搅拌均匀（每次加入均需搅拌至均匀以防止糖、油分离），再加入过筛后的低筋面粉、泡打粉继续搅拌至均匀，最后加入核桃拌匀成面团（见图1~4）。
2. 将面团分割为250克的小面团，整形为宽10厘米、厚1厘米的长方条（见图5），移入预热好的烤箱中，以上火200℃、下火180℃烘烤约20分钟。
3. 取出放置至微凉，切割成1.5厘米宽的小长条后（见图6），再次放入烤箱中以上火150℃、下火150℃，继续烤焙约30分钟至完全干酥即可。

新手看这里

意式脆饼的原文为Biscotti，意思指的就是"二次烤焙"，就是因为经过了分切后再第2次入炉烘烤的过程，使脆饼从里到外的每一个部分，都烤得相当透彻，才能做出意式脆饼特殊的酥脆口感。

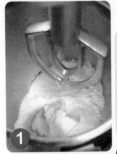

准备篇 面包篇 土司篇 蛋糕篇 饼干篇 西式点心篇 中式点心篇

土|司|篇

白土司 约2条

模型：900克土司模型2个　　土司造型：平顶长方形

【材料】

高筋面粉·················1006克
速溶酵母····················10克
细砂糖······················40克
盐··························20克
奶粉························40克
水·······················634毫升
改良剂······················10克
白油························40克

【做法】

1. 将白油以外的材料全部放入搅拌缸中，以慢速拌打至面团成团，加入白油；续以中速搅拌至拉开破裂处呈锯齿状的扩展阶段；续搅拌至面团可拉出薄膜且破裂处呈完整圆洞的完成阶段（见图1~4）。

2. 将面团取出，滚圆放入钢盆中，移入发酵箱中，以温度28℃、湿度75%，进行基本发酵。发酵约90分钟至体积膨胀为2倍，以手指自面团中央戳入时呈持续凹陷即可（见图5~6）。

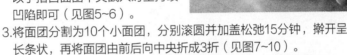

3. 将面团分割为10个小面团，分别滚圆并加盖松弛15分钟，擀开呈长条状，再将面团由前向中央折成3折（见图7~10）。

4. 再次擀开，卷成圆筒状，再加盖松弛15分钟，以手稍微将边缘压齐整形，装入模型中移入发酵箱，以温度38℃、湿度85%，进行最后发酵（见图11~13）。

5. 发酵至8分半满时，盖上模型盖（见图14），入烤箱以上火200℃、下火220℃烘烤约40分钟，取出后切片即可（见图15）。

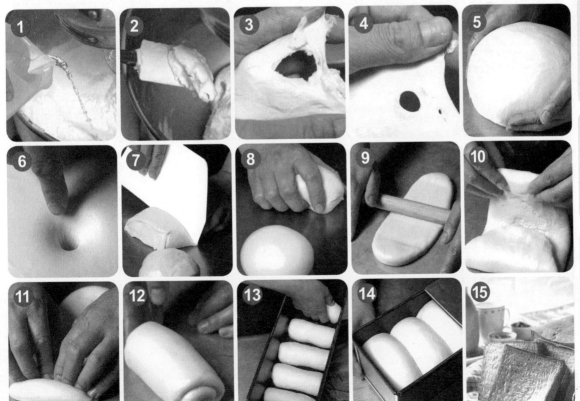

准备篇
面包篇
土司篇
蛋糕篇
饼干篇
西式点心篇
中式点心篇

鲜奶土司 约2条

模型：900克土司模型2个　土司造型：山形

【材料】

高筋面粉	947克
酵母	19克
细砂糖	123克
盐	19克
鸡蛋	171克
鲜奶	521毫升

【做法】

1. 将材料全部放入搅拌缸中，以慢速拌打至无干粉状，转中速搅拌至面团可拉出薄膜且破裂处呈完整圆洞的完成阶段。

2. 将面团滚圆放入钢盆中，移入发酵箱中，以温度28℃、湿度75%进行基本发酵约90分钟，至体积膨胀为2倍大。

3. 取出基本发酵完成的面团分割为180克的小面团，分别滚圆并加盖放置松弛10~15分钟。

4. 将松弛好的小面团擀开呈长条形，折3折后加盖放置松弛10~15分钟，再次擀开并卷成圆筒状，即可入模；放入发酵箱中以温度38℃、湿度85%作最后发酵，等体积膨胀至模型的9分满处时，即可入烤箱以上火180℃、下火220℃，烤约40分钟。

汤种土司

约1条　　模型：900克土司模型1个　　土司造型：山形（五峰）

【材料】

A.高筋面粉 ········· 135克
　水 ·············· 200毫升
B.高筋面粉 ········· 324克
　细砂糖 ············ 46克
　盐 ················· 7克
　酵母 ··············· 7克
　奶粉 ·············· 18克
　改良剂 ············· 5克
　鸡蛋 ·············· 38克
　水 ··············· 66毫升
　奶油 ·············· 55克

【做法】

1. 将材料A中的水煮沸，冲入高筋面粉内，以擀面棍拌至均匀无干粉状（见图1~4）。
2. 将面团放入塑料袋内，放置至温度仅剩微温时，再放入冰箱中冷藏，即为汤种面团。
3. 将材料B（奶油除外）全部放入搅拌缸中，加入做法2切好的小块汤种面团；以慢速拌打至均匀，转中速搅拌至面团可拉出薄膜，但破裂处呈锯齿状的扩展阶段；加入奶油搅拌至面团可拉出薄膜，且破裂处呈完整圆洞的完成阶段（见图5~7）。
4. 将面团滚圆放入钢盆中，移入发酵箱中，以温度28℃、湿度75%进行基本发酵约1小时，至体积膨胀为2倍大。
5. 取出基本发酵完成的面团分割为180克的小面团，分别滚圆并加盖放置松弛约15分钟。
6. 将松弛好的小面团擀开呈长条形，折3折后擀开并加盖放置松弛约15分钟，再次擀开卷成圆筒状，即可入模（见图8）；放入发酵箱中以温度38℃、湿度85%作最后发酵，等体积膨胀至模型的9分满处时，入烤箱上火180℃、220℃烘烤约40分钟即可。

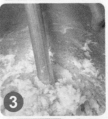

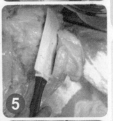

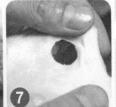

全麦土司 约2条

模型：900克土司模型2个　土司造型：平顶长方形

【材料】

A.高筋面粉 ············· 300克
全麦粉 ···············100克
速溶酵母 ················5克
水 ··················240毫升
B.全麦粉 ···············100克
黑糖 ··················30克
盐 ·····················10克
奶粉 ··················25克
改良剂 ··················5克
水 ···················60毫升
奶油 ··················25克

【做法】

1. 将材料A全部放入搅拌缸中，以慢速拌打至无干粉状，转中速续拌至面团拉开破裂处呈锯齿状的扩展阶段；将面团滚圆放入钢盆中，移入发酵箱中，以温度28℃、湿度75%进行基本发酵约90分钟至体积膨胀为2倍大。

2. 将材料B（奶油除外）全部放入搅拌缸中，加入做法1中分切成小块的中种面团，以慢速拌打至无干粉状，转中速拌至成团。

3. 加入奶油，转中速搅拌至面团可拉出薄膜，且破裂处呈完整圆洞的完成阶段，滚圆后放入钢盆中，加盖松弛20~30分钟。

4. 取出松弛好的面团分割为180克的小面团，分别滚圆并再次加盖放置松弛约15分钟。

5. 将松弛好的小面团擀开卷成圆筒状，重复擀卷1次，即可入模，放入发酵箱中以温度38℃、湿度85%作最后发酵，等体积膨胀至模型的9分满处时，即可入烤箱以上火200℃、220℃烘烤约40分钟。

丹麦土司 约4条

模型：水果条模型4个　　土司造型：辫子形

【材料】

A.高筋面粉 ………329克
　低筋面粉 ………141克
　速溶酵母 …………9克
　盐 …………………7克
　细砂糖 …………56克
　冰水 …………212毫升
　奶粉 ……………28克
　鸡蛋 ……………71克
　奶油 ……………56克
　裹入油 …………226克
B.蛋液 ……………少许
　烤过的杏仁片……少许

【做法】

1. 将材料A（奶油、裹入油除外）混合搅拌至面团可拉出薄膜，但破裂处呈锯齿状的扩展阶段。
2. 加入奶油搅拌至面团可拉出薄膜，且破裂处呈完整圆洞的完成阶段。
3. 将面团滚圆放入钢盆中，封上保鲜膜，移入冷冻库中，松弛15~20分钟。
4. 取出面团压成四角突出的形状，中央放入裹入油将四角向中央折起包好，擀开并折3折，重复擀开与折3折的动作2次；再次放入钢盆中封上保鲜膜，移入冷冻库中，松弛约30分钟（见图1~5）。
5. 取出后擀开呈宽30厘米、长18厘米大小之长方形，加盖松弛约10分钟，再分割成长6厘米、宽30厘米的长条共3条。
6. 将每条再分切成3条，但顶部不切断，交叉编织成辫子状且切口朝上，编好后收口压紧（见图6~7）。
7. 将两边折至底部，即可入模（见图8），放入发酵箱中以温度38℃、湿度85%作最后发酵；等体积膨胀到与模型同高时，表面刷上蛋液但不可刷到切面，撒上杏仁片即可入烤箱，以上火160℃、下火200℃烘烤35~40分钟。

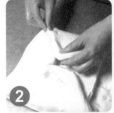

准备篇 面包篇 土司篇 蛋糕篇 饼干篇 西式点心篇 中式点心篇

蛋糕土司 约4条

模型：水果条土型4个   土司造型：中剖

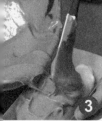
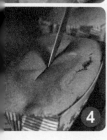

备注 当土司面团开始进行最后发酵时，即可马上制作蛋糕面糊，当面糊完成后，必须立刻倒入土司面团模型中，入烤箱烘烤，否则面糊会变质。因此土司面团最后发酵的时间即为制作面糊所需的时间。

【材料】

A. 高筋面粉 ………… 256克
　 酵母 ………………… 3克
　 细砂糖 …………… 20克
　 盐 ………………… 4克
　 奶粉 ……………… 16克
　 改良剂 …………… 3克
　 水 ……………… 158毫升
　 奶油 ……………… 20克
B. 色拉油 ………… 97毫升
　 可可粉 …………… 18克
　 细砂糖 …………… 39克
　 盐 ………………… 1克
　 水 ……………… 53毫升
　 蛋黄 ……………… 114克
　 低筋面粉 ………… 88克
　 小苏打粉 ………… 2克
　 蛋清 ……………… 228克
　 塔塔粉 …………… 2克
　 细砂糖 …………… 78克

【做法】

1. 将材料A（奶油除外）全部放入搅拌缸中，以慢速拌打至无干粉状，转中速拌至成团，加入奶油搅拌至面团可拉出薄膜，且破裂处呈完整圆洞的完成阶段，滚圆后放入钢盆中，移入发酵箱中，以温度28℃、湿度75%进行基本发酵约90分钟至体积膨胀为2倍大。

2. 取出松弛好的面团分割为每个120克的小面团4个，分别滚圆并再次加盖放置松弛约15分钟。

3. 将松弛好的小面团擀开呈长条状，即可入模，放入发酵箱中以温度38℃、湿度85%作最后发酵，即为土司面团（见图1）。

4. 将色拉油加热至60℃左右时，加入过筛的可可粉拌匀，再加入细砂糖、盐、水、蛋黄拌匀（见图2）。

5. 将低筋面粉及小苏打过筛，加入做法4的材料中拌匀。

6. 将蛋清放入钢盆中打至起泡，分3次加入细砂糖搅拌，继续搅拌至接近干性发泡（以橡皮刮刀沾时切端处不会流动但稍微垂下）。

7. 取1/3做法6的材料加入做法5的材料中拌匀，再倒回剩余的做法6的材料中拌匀，即为巧克力戚风蛋糕面糊。

8. 将做法3完成的土司面团放入烤模，再倒入巧克力戚风蛋糕面糊，至7~8分满（见图3）。

9. 入烤箱烘烤，以上火180℃、下火160℃烤约30分钟，待表面烤干略为膨起时，以刀将表面中央划开（见图4）；烘烤完成后取出，马上将蛋糕土司从模型中取出（或倒扣），以防止蛋糕收缩即可。

葡萄干土司 约2条

模型：450克土司模型2个　　土司造型：圆顶

【材料】

A.高筋面粉 ………… 422克
　酵母 …………………… 5克
　水 ……………… 253毫升
B.高筋面粉 ………… 106克
　细砂糖 ……………… 63克
　盐 …………………… 8克
　奶粉 ………………… 32克
　改良剂 ……………… 5克
　鸡蛋 ………………… 53克
　水 ………………… 11毫升
　奶油 ………………… 42克
C.葡萄干 …………… 200克

【做法】

1. 将材料A全部放入搅拌缸中，以慢速拌打至无干粉状，转中速拌至面团拉开破裂处呈锯齿状的扩展阶段；将面团滚圆放入钢盆中，移入发酵箱中，以温度28℃、湿度75%进行基本发酵约90分钟至体积膨胀为2倍大，即为中种面团。
2. 将材料B（奶油除外）全部放入搅拌缸中，加入分切成小块的中种面团，以慢速拌打至无干粉状，转中速拌至成团。
3. 加入奶油，转中速搅拌至面团可拉出薄膜，且破裂处呈完整圆洞的完成阶段，加入葡萄干以慢速拌匀，滚圆后放入钢盆中，加盖松弛30分钟。
4. 取出松弛好的面团分割为2个面团，分别滚圆并再次加盖放置松弛约15分钟。
5. 将松弛好的小面团擀开，卷成圆筒状，即可入模，放入发酵箱中以温度38℃、湿度85%作最后发酵，至体积膨胀到模型的9分满处时，入烤箱以上火160℃、下火220℃烘烤约35分钟即可。

准备篇
面包篇
土司篇
蛋糕篇
饼干篇
西式点心篇
中式点心篇

菠萝士司 约2条

模型：450克土司模型2个　　土司造型：圆顶

【材料】

A.高筋面粉 …………… 469克
速溶酵母 ……………… 6克
水 ………………… 281毫升
B.低筋面粉 …………… 117克
细砂糖 ………………… 59克
盐 …………………… 9克
奶粉 ………………… 35克
改良剂 ………………… 6克
鸡蛋 ………………… 59克
水 …………………… 12毫升
奶油 ………………… 47克
C.酥油 ……………… 25毫升
白油 ………………… 17克
糖粉 ………………… 42克
盐 …………………… 1克
鸡蛋 ………………… 30克
奶粉 …………………… 3克
低筋面粉 ……………… 82克

【做法】

1. 将材料A全部放入搅拌缸中，以慢速拌打至无干粉状，转中速拌至面团拉开破裂处呈锯齿状的扩展阶段，将面团滚圆放入钢盆中，移入发酵箱中，以温度28℃、湿度75%进行基本发酵约90分钟，至体积膨胀为2倍大，即中种面团。

2. 将材料B（奶油除外）全部放入搅拌缸中，加入分切成小块的中种面团，以慢速拌打至无干粉状，转中速拌至成团；加入奶油，搅拌至面团可拉出薄膜，且破裂处呈完整圆洞的完成阶段，滚圆后放入钢盆中，移入发酵箱中，以温度28℃、湿度75%进行二次发酵约30分钟。

3. 将材料C中的低筋面粉、奶粉分别过筛，再将酥油、白油、糖粉、盐放入钢盆中，以打蛋器搅拌至颜色变白且微发，分次加入全蛋拌至均匀备用。

4. 将奶粉、低筋面粉倒出置于干净台面上，加入做法3的材料，利用切面刀翻拌，并以手掌将所有材料压匀，即为菠萝皮。

5. 取出松弛好的面团分割为2个面团，分别滚圆并再次加盖放置松弛约15分钟。

6. 将松弛好的小面团擀开并折3折，加盖松弛15分钟，擀开卷成圆筒状，即可入模（见图1~3）。

7. 将菠萝皮分成2份，分别搓成长条状，以手掌压成片状，覆盖在面团上，放入发酵箱中以温度38℃、湿度85%作最后发酵，至体积膨胀到模型的9分满处时，即可入烤箱以上火180℃、下火220℃烘烤约35分钟（见图4~6）。

椰子奶酥土司 约2条

模型：450克土司模型2个　　土司造型：圆顶

【材料】

A.高筋面粉405克、速溶酵母5克、水243毫升
B.高筋面粉101克、细砂糖51克、盐8克、奶粉30克、改良剂5克、鸡蛋41克、水20毫升、奶油51克
C.蛋液少许

【做法】

1. 将材料A全部放入搅拌缸中，以慢速拌打至无干粉状，转中速拌至面团拉开破裂处呈锯齿状的扩展阶段；将面团滚圆放入钢盆中，移入发酵箱中，以温度28℃、湿度75%进行基本发酵约90分钟至体积膨胀为2倍大。

2. 将奶油以外的材料B全部放入搅拌缸中，加入分切成小块的中种面团，以慢速拌打至无干粉状，转中速拌至成团。

3. 加入奶油，搅拌至面团可拉出薄膜，且破裂处呈完整圆洞的完成阶段，滚圆后放入钢盆中，移入发酵箱中以温度28℃、湿度75%，进行二次发酵约30分钟。

4. 取出松弛好的面团分割为2个面团，分别滚圆并再次加盖放置松弛约15分钟。

5. 将松弛好的小面团擀开呈长条状，抹入奶酥馅，卷成圆筒状后入模，放入发酵箱中以温度38℃、湿度85%作最后发酵；等体积膨胀至模型的9分满处时，在顶层刷上蛋液，并均匀撒上椰子馅，即可入烤箱以上火160℃、下火220℃烘烤约40分钟。

奶酥馅

材料

酥油58毫升、白油58克、糖粉93克、盐1克、鸡蛋23克、奶粉117克

做法

1. 将酥油、白油放入钢盆中拌匀，加入过筛的糖粉、盐，以打蛋器搅拌至颜色变白且微发，分次加入鸡蛋拌至均匀。

2. 倒出置于干净台面上，分次加入奶粉，利用切面刀翻拌并以手掌将所有材料压匀即可。

椰子馅

材料

奶油11克、细砂糖37克、鸡蛋15克、椰子粉37克

做法

1. 将奶油、细砂糖放入钢盆中以橡皮刮刀拌匀。

2. 将鸡蛋分次加入并继续拌匀，最后分次加入椰子粉拌匀即可。

红豆土司 约2条　模型：450克土司模型2个　土司造型：圆顶

【材料】

A.高筋面粉 ……………… 427克
　速溶酵母 ………………… 5克
　水 ………………… 256毫升
B.高筋面粉 ……………… 107克
　细砂糖 …………………… 53克
　盐 ………………………… 8克
　奶粉 ……………………… 32克
　水 ………………………… 11毫升
　鸡蛋 ……………………… 53克
　改良剂 …………………… 5克
　奶油 ……………………… 43克
C.市售蜜红豆 ………… 200克

【做法】

1.将材料A全部放入搅拌缸中，以慢速拌打至无干粉状，转中速拌至面团拉开破裂处呈锯齿状的扩展阶段，将面团滚圆放入钢盆中，移入发酵箱中，以温度28℃、湿度75%进行基本发酵约90分钟至体积膨胀为2倍大，即为中种面团。

2.将材料B（奶油除外）全部放入搅拌缸中，加入分切成小块的中种面团，以慢速拌打至无干粉状，转中速拌至成团。

3.加入奶油，转中速搅拌至面团可拉出薄膜，且破裂处呈完整圆洞的完成阶段，滚圆后放入钢盆中，移入发酵箱中，以温度28℃、湿度75%进行二次发酵约30分钟。

4.取出面团分割为2个面团，分别滚圆并再次加盖放置松弛约15分钟。

5.将松弛好的小面团擀开，分别撒上100克的蜜红豆，卷成圆筒状，即可入模，放入发酵箱中以温度38℃、湿度85%作最后发酵，等体积膨胀至模型的9分满处时，入烤箱以上火160℃、下火220℃烘烤约35分钟即可。

土司制作
Q&A

在自己动手做土司之前，先来参考一下制作时常见的问题，才不会在自己遇到问题时手忙脚乱，不知如何是好。

准备篇 面包篇 土司篇 蛋糕篇 饼干篇 西式点心篇 中式点心篇

Q 家里没有发酵箱该如何进行发酵?

A 发酵箱是一种可以调整温度与湿度的器具，能使面团在发酵时有最适合的环境条件，以帮助发酵过程顺利的进行。自己动手制作土司或面包时，最大的困扰就是没有发酵箱。事实上，发酵并非一定要在发酵箱中才能进行，可以利用其他的器具创造具有温度与湿度的环境。面团一样可以进行发酵，只是温度与湿度没那么理想时，发酵的时间就没那么准确，必须依靠目视观察发酵是否已经完成，以避免发酵不足或过度。最简单的简易发酵箱就是保丽龙盒子，它具有保温的作用，只要将面团与一碗热水一起放进保丽龙盒子里，盖上盖子就是一个不错的发酵环境。除了保丽龙盒子之外，家中常见的电锅、烤箱、微波炉等可以密闭且具有保温作用的器具，也都可以用来作为简易的发酵箱，使用时不需插电，同样只要将面团与一碗热水一起放入，然后盖上盖子或关上炉门就可以了。

Q 普通家用烤箱可以烘烤土司吗?

A 理论上，家用烤箱都能达到烘烤土司所需要的温度，所以都是可以使用的，但是在使用之前，必须先检视烤箱的大小是否能提供土司所需的空间。检视时先将烤架调整到最低的位置，再将土司模型放入烤箱中，不仅模型必须要能完全放入烤箱中，而且顶端还必须与上方加热器至少有10厘米的距离。因为土司在烘烤的过程中会膨胀，如果上方的距离不够，会使土司的顶层太接近或直接碰到加热器，使土司变得焦黑，所以空间不够大的烤箱就不适用于烘烤土司。至于在温度调整的功能上，最好是具有上火、下火分开调整的功能，烘烤出来的土司才能比较理想。若是你家里的烤箱空间够大却没有调整上火、下火的功能，也是可以烘烤土司的，使用时只要将温度调整为下火温度，等到土司顶端开始膨胀且变色之后，再以耐烘烤的纸张覆盖在土司顶端即可。

Q 制作土司需不需要过筛粉类材料?

A 土司不像蛋糕成品的组织那么细致，所以如果粉类材料本身状况良好，没有受潮或是虫害、结块现象的话，使用没有过筛的粉类材料对于口感的影响并不会太大。但是要注意的是，没有过筛的粉类材料在秤量时会产生误差。因为粉类材料在过筛后体积会较为蓬松，如果是以量杯或量匙取用，相同是1杯或1匙的分量，有过筛的材料重量会轻一些，两者会有实际重量上的误差，必须要考虑这项因素以防止材料用量与配方不符。如果是直接秤重量取材料则不必担心产生误差。

Q 烘烤好的土司是不是趁热吃最好?

A 土司出炉之后香味四溢，是最诱惑人食欲的时刻，但是千万记得刚出炉的土司可不要马上吃喔! 这是因为发酵所产生的二氧化碳还存在土司内部的空隙中，如果马上吃就会将这些二氧化碳吃进肚子里。不论是土司还是面包，只要是使用酵母、经过发酵过程的成品，都应该稍微放置一段时间，等到里面的二氧化碳散掉之后再食用。除了二氧化碳的缘故，刚出炉的土司也必须经过散热冷却，让土司形状固定之后，才能进行切割，如果趁热切开，那么经过一段时间土司就一定会塌掉。

Q 奶油为什么不可以一起搅拌成面团呢?

A 面团的材料包含油脂与水分，我们都知道油和水是不相容的，所以如果将所有材料同时一起搅拌，会使面粉无法好好地吸收所有的材料，搅拌出来的面团自然也就不理想了。除了不能同时搅拌之外，还必须依照水先油后的顺序，这是因为充分吸了水的面团还可以再吸收油脂，但是吸了油的面团却无法再吸收水分。所以一定要等面团将水分都吸收好了之后才能将油脂类材料加入一起搅拌，因太早加入奶油会阻碍面筋的形成。

蛋|糕|篇

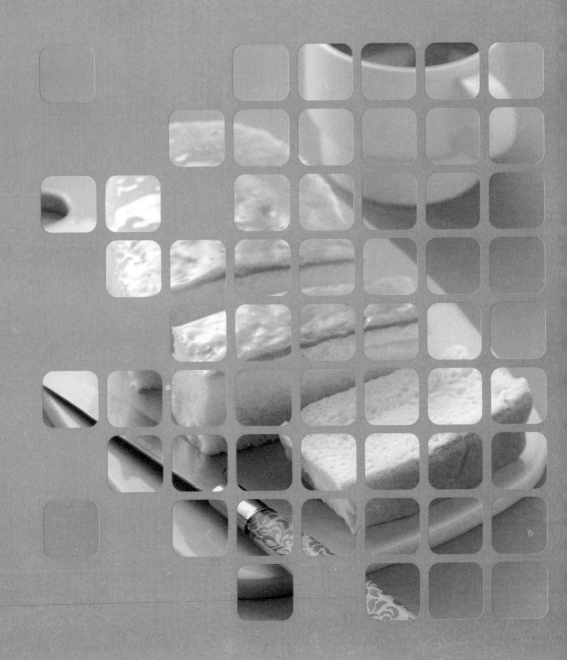

海绵
蛋糕

戚风
蛋糕

四大 经典蛋糕介绍

重奶油
磅蛋糕

奶酪
蛋糕

Sponge Cake
海绵蛋糕
Applications

　　最能表现出蛋糕多变性的，非海绵蛋糕莫属了。与轻盈如雪纺纱般的戚风蛋糕相比之下，海绵蛋糕的组织就来得细密得多，因不像戚风蛋糕那么容易扁塌，所以也比较适合作更多的变化。例如庆典用的装饰性大蛋糕、卷成圆筒状的果酱卷蛋糕，或者必须承载馅料重量与装饰的夹层蛋糕，以及慕斯蛋糕底层的蛋糕体，也都是使用海绵蛋糕。

　　烤一个最基本的海绵蛋糕，只要分切成2层或3层，再搭配各种口味的鲜奶油、水果或慕斯夹馅，就可以变化出各种不同口味，外层再抹上打发的鲜奶油、装饰各色水果，就是华丽的生日蛋糕。此外，如果只想简单变化口味，调整配方并添加可可粉或各种不同口味的果汁，也可以像戚风蛋糕一样做出巧克力或其他水果口味的海绵蛋糕。

Chiffon Cake
戚风蛋糕
Applications

　　香草戚风蛋糕是最基本的戚风蛋糕做法，不仅材料简单容易取得，只要能成功掌握制作技巧与原理，要再自行变化出其他口味都不成问题。

　　戚风蛋糕口味的不同变化上，最重要是来自于配方中水分以及添加香料的风味，其他材料则会适时地稍作调整。就香草戚风与咖啡戚风蛋糕而言，也只是将咖啡液与香草精替换而已，再调整细砂糖和色拉油的分量，就可以制作出两种截然不同的风味。此外，我们也可以香草戚风蛋糕的材料为不变的面糊基底，最后再拌入适量葡萄干，或者水果颗粒、奶酪丁等等，让质软而不适合层叠夹馅的戚风蛋糕，也能展现除了单一色泽以外的丰富风情。

Butter Pound Cake
重奶油磅蛋糕
Applications

　　磅蛋糕因为添加了大量的油脂，并且是借由固态油脂打发拌入空气的方式来膨大蛋糕体积，所以在烤焙后的蛋糕组织上呈现颗粒细腻且口感扎实，并有一股浓郁的奶油香，多不加装饰而保持使朴实自然的原状，但因成本较戚风及海绵蛋糕昂贵，所以售价亦不便宜，磅蛋糕给予人朴实却又高贵感觉的原因即在此。

　　正因磅蛋糕的组织细密扎实，所以即使在面糊中加入核桃、松子等干果类以及水果蜜饯颗粒一起烤焙也不会沉淀，所以要变化磅蛋糕的口味也很容易。最简单的就只要利用相同的面糊配方，加入不同种类的坚果或水果干，如腰果、葡萄干等就可以了。另外，调整配方再加入水果成分，也可做出各种如苹果、香蕉口味的磅蛋糕，如果在蛋糕表面刷上少许洋酒，则更能增添磅蛋糕的迷人香气。

Cheese Cake
奶酪蛋糕
Applications

　　相较于海绵蛋糕膨松的口感，奶酪蛋糕则是显得绵密细致而丰富扎实，含入口中的那一瞬间，丰富的乳酪香气分子便在舌间化了开来，柔软的蛋糕像是一朵朵小小的黄色云朵，在嘴里慢慢地融化，甜与酸的微妙平衡感恰到好处，而且不论是配茶或是咖啡都非常的适宜。

　　如果够细心的话，你会发现在店家的蛋糕柜里，奶酪蛋糕的变化和种类愈来愈多了，而且口味也不断地推陈出新，迎合许多不同偏好的奶酪蛋糕迷，像是巧克力口味的大理石奶酪蛋糕、咖啡奶酪蛋糕、香橙奶酪蛋糕、水蜜桃起士塔等，能让吃过的人都难忘其中的美妙滋味，甚至一尝就上瘾呢！

戚风蛋糕

戚风蛋糕是直接音译自"Chiffon"。Chiffon是一种类似丝的布料，质地非常柔软，正代表这款蛋糕的口感和组织的轻柔、绵滑。戚风面糊是将鸡蛋分为蛋清和蛋黄两部分，分别搅拌，配方内油脂以流质之色拉油为主。

戚风蛋糕制作成败关键

1.粉类的处理

想要制作出组织松软的蛋糕，其中的面粉过筛就是不可省略的步骤之一。过筛的目的主要是可以让面粉中的杂质与结块的颗粒借由过筛来沥除或打散，避免因面糊混杂细颗粒而影响蛋糕口感。另外，除了面粉需过筛，其他蛋糕使用的粉类材料亦可一并过筛，并借此混合均匀。

2.奶油的处理

奶油买来后即必须贮存在冰箱避免溶化，而冷藏后的奶油质地会变硬，因此事前必须取出退冰软化，才能利于后续的操作。一般退冰软化的方法是置于室温下，待可用手指压出凹陷状即可。

3.鸡蛋的处理

通常鸡蛋买回来后都会置于冰箱冷藏库保鲜，但是制作蛋糕时，若鸡蛋的温度太低则会影响蛋的打发效果，进而使蛋糕的组织与口感不如预期般的理想了，因此事前必须先将蛋置于室温下回温。至于将蛋黄和蛋清分开最简易的方法，可以先准备一个干净的容器，再将蛋壳敲分成两半，直接利用各半蛋壳将蛋黄移动盛装，蛋清自然就会流到下面的容器中了。

4.出炉后需连同烤模一并倒扣在凉架上

使用圆形烤模的戚风蛋糕类出炉后，建议皆须先敲一下烤模的侧边，让空气跑出后再倒扣于凉架上待凉。如此可避免因为蛋糕中有空气及水气，而呈现凹陷及潮湿状，进而影响松软口感。

5.干性发泡与湿性发泡的差异

蛋清打发大致可分成四个阶段：起始发泡期是将蛋清打散且泡沫会变大；湿性发泡期是泡沫会变小，且外观呈湿润、柔软，富弹性，用打蛋器捞起蛋清时，顶端呈下垂状；干性发泡则是形态坚硬，用打蛋器捞起蛋清时，尖端立起不掉落。至于硬性发泡期是呈无光泽的棉花状，蛋清与水分离、干燥、容易消泡，难与其他材料混合，其形态更为坚硬，泡沫捞起不掉落。

6.瑞士卷的卷法秘诀

你是否曾经为了卷出的瑞士卷中间的空隙太大，或者卷完后会松脱而感到烦恼？其实想要卷出漂亮的瑞士卷并不难，只要在蛋糕体欲卷起的开头部分约2厘米处浅切一刀（勿切断），且稍下压使其扎实无空隙后，再慢慢地将蛋糕卷起，最后收尾时留意烤焙纸与蛋糕卷之间必须没有空隙，并静置5~10分钟后再将纸拆开，才能避免后续松开的情形。若瑞士卷夹心为体积较大的水果如草莓，可以事先于蛋糕体涂抹奶油霜来填补空隙。

7.蛋清与面糊分次拌合的原因

制作戚风蛋糕时，会将面糊准备好以后再与打发的蛋清混合搅拌，此阶段通常会先将1/3的蛋清量加入拌匀，再加入剩余的蛋清量拌合。这样做可以避免一次加入蛋清时，可能发生混拌不均而导致蛋糕烤好后，呈现颜色不均匀以及口感不好的问题。

戚风蛋糕 8寸1个

【材料】

A. 蛋黄 ···················· 60克
　细砂糖 ················· 50克
　盐 ·························· 1克
　色拉油 ·················· 50克
　奶水 ·················· 70毫升
　低筋面粉 ·············· 100克
　发粉 ······················ 4克
B. 蛋清 ···················· 120克
　塔塔粉 ················· 0.5克
　细砂糖 ················· 60克

【做法】

1. 用打蛋器将蛋黄打成蛋液后，加入材料A中的细砂糖、盐一起打至发白（见图1）。
2. 加入色拉油、奶水一起拌匀。
3. 加入过筛后的低筋面粉、发粉，用打蛋器轻轻拌匀备用（见图2）。
4. 蛋清加入塔塔粉后，用电动打蛋器以中速拌打至颜色发白的小气泡，再将材料B中的细砂糖分2次加入，搅打至湿性偏干性发泡即可（见图3）。
5. 取1/3做法4的材料与做法3的材料拌匀后，再取剩下2/3做法4的材料一起搅拌（见图4）。
6. 将做法5的面糊倒入8寸圆形烤模中（见图5），放入烤箱下层，以上下火180℃烤约35分钟。
7. 将刚烤焙好的蛋糕体取出，倒放在凉架上等待变凉（见图6）。
8. 用抹刀沿着烤模边缘画绕一圈，让蛋糕体离模（见图7）。
9. 将烤模倒扣在凉架上，再用抹刀沿着蛋糕底盘画绕一圈即可。

准备篇

面包篇

土司篇

蛋糕篇

饼干篇

西式点心篇

中式点心篇

抹茶戚风蛋糕 2条长形烤模

【材料】

热水……………… 85毫升
抹茶粉……………… 10克
色拉油……………… 90毫升
低筋面粉……………… 100克
泡打粉……………… 2克
盐……………… 2克
蛋黄……………… 138克
蛋清……………… 275克
细砂糖……………… 150克

【做法】

1. 将热水倒入抹茶粉中搅拌均匀，然后加入色拉油拌匀。
2. 再加入过筛后的低筋面粉、泡打粉、盐拌匀后,再将蛋黄加入拌匀备用。
3. 将蛋清用电动搅拌器打发至起泡,分2次加入细砂糖,并用中速打至呈光泽状干性发泡即可。
4. 从做法3的材料中先取1/3的蛋清量与做法2的材料拌合后,再将剩余的蛋清加入并用刮刀拌匀。
5. 倒入长方形烤模中,放入烤箱以上火190℃、下火150℃,烘烤30分钟后,取出待凉。

天使戚风蛋糕

6寸3个

【材料】

豆浆·······················60毫升
色拉油·····················85毫升
低筋面粉···················100克
玉米粉·····················20克
蛋清·······················250克
细砂糖·····················150克

1. 将豆浆、色拉油拌匀，加入过筛后的低筋面粉、玉米粉拌匀至无颗粒状备用。
2. 蛋清与细砂糖用搅拌器并用中速打至呈光泽状干性发泡即可。
3. 从做法2的材料中取1/3的蛋清量与做法1的材料拌合后，再将剩余的蛋清加入并用刮刀拌匀。
4. 倒入6寸耐烤模中，放入烤箱以上火190℃、下火150℃，烘烤15~20分钟，出炉后立即脱膜待凉即可。

香草戚风蛋糕 8寸2个

【材料】

蛋清······················210克
蛋黄······················105克
细砂糖····················150克
牛奶·····················125毫升
色拉油····················95毫升
香草精······················5克
低筋面粉···················145克
泡打粉·······················2克
盐··························2克
塔塔粉·······················2克

【做法】

1.钢盆内倒入牛奶、色拉油与香草精后拌匀。

2.加入盐与过筛后的低筋面粉及泡打粉，再搅拌均匀。

3.加入蛋黄，搅拌均匀备用（见图1）。

4.蛋清加入塔塔粉用电动搅拌器，拌打至起泡后，分2次加入细砂糖，并用中速拌打至呈光泽状干性发泡即可（见图2）。

5.从做法4的材料中取1/3的蛋清量，加入做法4的材料中混合均匀后，再加入剩余的蛋清并用刮刀拌合（见图3）。

6.将做法5的面糊倒入8寸圆形烤模中（见图4），放进烤箱以上火200℃、下火150℃，烤焙30~35分钟。

7.将烤好的蛋糕体连同烤模取出，并倒扣于凉架待凉（见图5）。

8.用抹刀沿着烤模边缘画绕一圈，让蛋糕体离模（见图6）。

9.再用抹刀划开蛋糕与底盘的接触面，即可顺利取出蛋糕（见图7）。

新手看这里

在进行做法4时，若家中没有电动搅拌器，只能使用手动方式将蛋清打发时，则建议拌打过程中的力度与速度控制应尽量一致，否则可能会拉长蛋清的打发时间，以致蛋清温度升高而影响蛋糕品质。

准备篇
面包篇
蛋糕篇
西式点心篇
中式点心篇

巧克力瑞士卷 约15片

【材料】

A. 可可粉 …………… 62克
   热水 …………… 187毫升
B. 色拉油 …………… 149毫升
   蛋黄 …………… 156克
   牛奶 …………… 87毫升
   细砂糖 …………… 311克
   盐 …………… 6克
C. 低筋面粉 …………… 311克
   泡打粉 …………… 3克
   小苏打粉 …………… 8克
D. 蛋清 …………… 311克
   塔塔粉 …………… 2克
   细砂糖 …………… 206克
E. 巧克力奶油霜 …… 适量

【做法】

1. 将材料A中的可可粉过筛，与热水拌匀备用。（见图1）
2. 将材料B搅拌均匀至无颗粒状，加入做法1的材料一起拌匀，再加入已过筛的材料C粉类，拌至光滑细致且有流动性。（见图2~4）
3. 将材料D打至干性发泡，先取一些与做法2的面糊一起拌匀，再全部倒入做法2的材料中拌至均匀，即为巧克力口味戚风面糊。（见图5~11）
4. 将完成的巧克力面糊取适量倒入烤盘中，抹平表面（见图12），放入烤箱，以上火190℃、下火150℃，烘焙约25分钟，烤至表面摸起来有弹性。
5. 取出后待凉，抹上巧克力奶油霜，卷起切小片即可（见图13~15）。

巧克力奶油霜

材料

奶油 …………… 100克
果糖 …………… 150克
巧克力酱 …………… 30克

做法

将奶油、果糖放入搅拌缸中，用浆状搅拌器拌打至体积变大、颜色变白后，再加入巧克力酱继续拌匀即可。

蜂蜜戚风蛋糕 标准木框量

【材料】

鸡蛋······1153克
细砂糖······404克
麦芽糖······58克
蜂蜜······115毫升
盐······6克
高筋面粉······192克
低筋面粉······385克
乳化剂（SP）······55克
奶水······216毫升
色拉油······216毫升

新手看这里

做法1乳化剂沾粉，可以避免搅拌时粘住搅拌器，造成拌打不匀。

【做法】

1. 在烤盘下放入7张白报纸，裁成烤盘大小，放入烤盘中铺平备用，以防止烤焦，将铺好白报纸的木框放入烤盘上。低筋面粉、奶粉过筛2次以上；乳化剂沾粉（见图1）；备用。
2. 奶水及色拉油拌匀后放入冷藏备用（见图2）。
3. 将鸡蛋、细砂糖、麦芽糖、蜂蜜、盐倒入搅拌缸中（见图3）。
4. 用球状搅拌器先用高速将做法3的材料打至变白后，改用中速继续搅拌，搅拌至面糊拉起来是急流状，但滴下的地方是慢慢地散开，呈稠状且有流动性（见图4）；再将做法1的低筋面粉、奶粉、乳化剂倒入（见图5）。
5. 先用慢速搅拌2~3下，再转中速搅拌至光亮且细致即可，再将奶水、色拉油分次加入，拌至光亮且细致（见图6~7）。
6. 取出用刮板略拌一下，看看底部是否有不均匀的地方，如有可用刮板再拌匀即可（见图8）。
7. 倒入木框中，抹平后放入烤箱（见图9），温度上火200℃、下火160℃，烤约25分钟至表面上色，取出。
8. 用刀子将面糊四周割开，表面先盖上1张烤焙纸，再加盖1个烤盘，续烤25~30分钟至熟即可（见图10~12）。
9. 出炉后用刀子将蛋糕与白报纸割分开，取出木框，将白报纸慢慢撕开，蛋糕移至出炉架上放凉即可（见图13~15）。

备注 木框包法请见P.25。

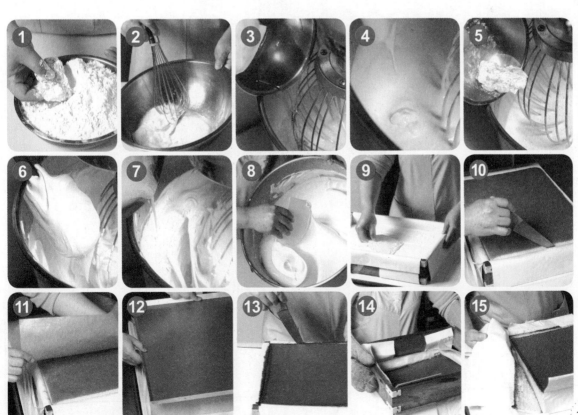

起酥蛋糕 约15片

【材料】

蜂蜜戚风蛋糕 …………1条
（做法请见P.116）
市售起酥皮 ……………1片
蛋液 …………………… 适量

【做法】

1. 将市售起酥皮1片长约40厘米、宽约30厘米，铺平在桌面上（见图1）。

2. 将已烤好的蜂蜜戚风蛋糕放在起酥皮上，卷起四角向里折起（见图2~4）。

3. 四周表面均匀刷上蛋液（见图5）。

4. 再用叉子在起酥皮上3面扎洞（见图6），使表面在烘烤时不会膨胀，放入烤箱用上火210℃、下火170℃烤至表面上色后，再将上火降至170℃烤至干酥即可。

新手看这里

全蛋液要先过筛再涂于表面，如没有过筛烤出来的产品颜色会不均匀。

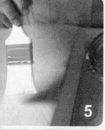

准备篇

面包篇

土司篇

蛋糕篇

饼干篇

西式点心篇

中式点心篇

酸奶蛋糕 8寸1个

【材料】

鸡蛋·····················206克
细砂糖·················72克
麦芽糖·················10克
蜂蜜·····················21毫升
盐·························1克
高筋面粉·············34克
低筋面粉·············69克
乳化剂·················10克
奶水·····················39毫升
色拉油·················39毫升
原味酸奶·············30毫升

【做法】

1.将高筋面粉、低筋面粉过筛2次以上；乳化剂沾粉备用。

2.将奶水及色拉油拌匀后放入冷藏备用。

3.将鸡蛋、细砂糖、麦芽糖、蜂蜜、盐倒入搅拌缸中，用球状搅拌器先用高速打至变白后，改用中速继续搅拌，搅拌至面糊拉起来是急流状，但滴下的地方是慢慢地散开，呈稠状且有流动性。

4.再将做法1的材料倒入，先用慢速搅拌2~3下，再转中速搅拌至光亮且细致后，再将做法2分次加入，拌至光亮且细致。

5.取出用刮板略拌一下，看底部是否有不均匀的地方，如有可用刮板再拌匀即可。

6.加入原味酸奶拌匀，倒入模型中抹平表面后入炉，以上火180℃、下火160℃烤45~50分钟至熟，出炉后倒扣在出炉架上放凉即可。

海绵蛋糕

此类蛋糕可分为海绵蛋糕与天使蛋糕两种。海绵类是使用全蛋，在搅拌时拌入空气，烘焙受热后膨胀。天使类则全部使用蛋清，搅拌后烘焙受热而膨胀；海绵蛋糕英文名为Sponge Cake，就是取其似海绵的组织质感，又因海绵蛋糕组织较细密，因此适合作更多造型装饰与变化。

经典海绵蛋糕 8寸2个

【材料】

A. 鸡蛋 …………… 492克
　　细砂糖 ………… 251克
B. 低筋面粉 ……… 209克
　　香草粉 …………… 2克
C. 全脂鲜奶 ……… 63毫升
　　色拉油 ………… 73毫升

【做法】

1 混合低筋面粉与香草粉，过筛2次，备用。

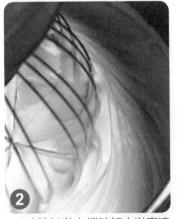

2 材料A放入搅拌缸中以高速搅拌，至蛋液体积变大、颜色变白、有明显纹路。

3 转至中速继续拌打，至发泡的蛋液以橡皮刮刀拉起时，2~3秒滴落1次。

4 将做法1的粉加入做法3的材料中，拌匀成面糊。

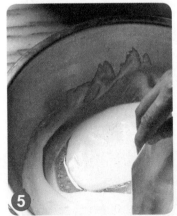

5 材料C混合拌匀，再加入少许做法4的面糊拌匀，使其浓稠度相近。

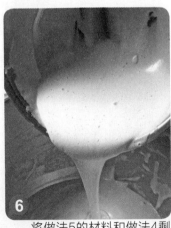

6 将做法5的材料和做法4剩余的面糊搅拌均匀。

7 取2个8寸蛋糕烤模，将做法6的面糊倒入蛋糕烤模中6~7分满。

（步骤请接下页）

8 轻敲烤模，让面糊内气泡浮起释出，放入烤箱中，以上火180℃、下火160℃烘烤。

9 烘烤20~25分钟时，烤箱内蛋糕体积高度会膨胀到最高点，这表示蛋糕体已接近烤熟的状态。

10 继续烘烤15~20分钟，蛋糕体积膨胀高度会逐渐下降，蛋糕表面周围会有细小皱摺。这时可以打开烤箱，轻拍蛋糕中心，若是蓬松有弹性就表示蛋糕已经烤熟；反之，则继续烘烤至熟。

11 取出烤熟的蛋糕，立刻倒扣，以防蛋糕遇冷收缩。待蛋糕稍微冷却不烫手后，即可利用双手沿着模型边缘向下快速轻压蛋糕体，使蛋糕与烤模脱离。

12 将蛋糕烤模底盘向上推出，剥开蛋糕底部即可。

经典海绵蛋糕制作关键

准备篇
面包篇
土司篇
蛋糕篇
饼干篇
西式点心篇
中式点心篇

粉类过筛2次以上

想要制作出组织松软的蛋糕，其中的面粉过筛就是不可省略的步骤之一。过筛的目的主要是可以让面粉中的杂质与结块的颗粒借由过筛来沥除或打散，避免因面糊混杂细颗粒而影响蛋糕口感，而过筛2次以上会更为松软好拌匀。另外，除了面粉需过筛，其他蛋糕使用的粉类材料亦可一并过筛，并借此混合均匀。

轻敲烤模使空气释出

面糊倒入烤模后，轻轻抬高烤模，敲一下桌面，让面糊里多余的空气释出，烤出来蛋糕组织才不会有大大的洞洞。而圆形烤模的蛋糕出炉后，建议也先敲一下烤模的侧边，让空气跑出后再倒扣于凉架上待凉。如此可让结构好看，避免因为蛋糕中有空气及水气，而呈现凹陷及潮湿状，进而影响松软口感。

面糊搅拌好尽速烘烤

面糊搅拌好后要尽快放入烤箱中烘烤，同时烤箱要先预热好。因为面糊自拌好后就会逐渐消泡，所以无论是在烤箱内等待加温，或者是待烤箱预热到需要的温度后再放进去烤，蛋糕都会因膨胀力不够，无法顺利膨胀，甚至会产生沉淀，如此烤出来的蛋糕就会塌塌的。

出炉后倒扣于凉架上

蛋糕出炉后需连同烤模一并倒扣在凉架上，这是因为"热胀冷缩"的原理，避免蛋糕从炙热的烤箱中取出，立刻接触冷空气而遇冷收缩。倒扣则可大幅减少收缩的幅度，等蛋糕稍微冷却不烫手后再从烤模中取下。

法式海绵蛋糕 8寸2个

【材料】

A. 蛋黄 ·····················210克
　　细砂糖 ·················· 42克
B. 蛋清 ·····················420克
　　塔塔粉 ·····················1克
　　细砂糖 ·················274克
　　盐 ···························5克
C. 低筋面粉 ··············234克
D. 全脂鲜奶 ·············82毫升
　　色拉油 ·················82毫升

【做法】

1. 低筋面粉过筛2次，备用；材料A放入钢盆中以打蛋器不断搅拌，至蛋黄颜色变淡、体积变大并打出蛋黄的浓稠度（见图1~2）。
2. 材料B中的蛋清、塔塔粉及盐放入搅拌缸中以中速搅拌，并分3次加入细砂糖，打至蛋液体积变大、颜色变白、有明显纹路（见图3）。
3. 继续拌打至蛋清为湿性发泡接近干性发泡，以橡皮刮刀拉起时，尖端蛋清下垂但不滴落（见图4）；将打好的蛋黄倒入打发的蛋清中稍微拌匀，再加入做法1的低筋面粉拌匀成面糊。
4. 混合材料D，加入少许做法3的面糊拌匀，使其浓稠度相近（见图5~6）。
5. 将做法4的材料和剩下的做法3面糊搅拌均匀（见图7）。
6. 取2个8寸蛋糕烤模，将做法5的面糊倒入蛋糕烤模中，抹平表面（见图8）。
7. 将完成的蛋糕烤模放入烤箱内，以上火180℃、下火160℃烘烤，烘烤20~25分钟时，烤箱内蛋糕体积高度会膨胀到最高点，这表示蛋糕体已接近烤熟的状态（见图9）。
8. 继续烘烤15~20分钟，蛋糕体积膨胀高度会逐渐下降，蛋糕表面周围会有细小皱摺（见图10）。这时可以打开烤箱，轻拍蛋糕中心，若是蓬松有弹性就表示蛋糕已经烤熟；反之，则继续烘烤至熟。
9. 取出烤熟的蛋糕，立刻倒扣，以防蛋糕遇冷收缩。待蛋糕稍微冷却，即可沿着模型边缘向下快速轻压蛋糕体，使蛋糕与烤模脱离，将蛋糕烤模底盘向上推出，剥开蛋糕底部即可（见图11~12）。

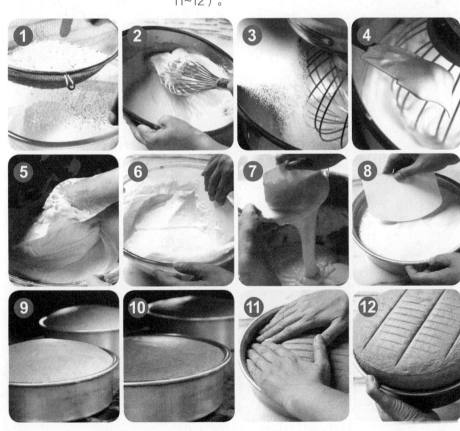

天使海绵蛋糕 8寸2个

【材料】

A. 蛋清 ······················ 493克
　　塔塔粉 ·················· 5克
　　细砂糖 ·················· 295克
　　盐 ······················ 5克
B. 柠檬汁 ·················· 30毫升
　　低筋面粉 ··············· 172克

【做法】

1. 材料A中的蛋清、塔塔粉及盐放入搅拌缸中以中速搅拌（见图1）。
2. 打发至蛋清有许多大泡泡时，加入材料A中约一半的细砂糖（见图2）。
3. 持续打至蛋清的泡泡变细致，加入材料A中剩下的细砂糖，继续拌打（见图3）。
4. 打至蛋液体积变大、有明显纹路，蛋清为湿性发泡接近干性发泡；以橡皮刮刀拉起时，尖端蛋清下垂但不滴落（见图4）。于搅拌缸中续加入柠檬汁继续拌匀（见图5）。
5. 低筋面粉过筛2次，加入做法4的搅拌缸中拌匀成面糊（见图6）。
6. 取2个8寸中空烤模，将做法5的面糊倒入蛋糕烤模中，抹平表面（见图7）。
7. 将完成的蛋糕烤模放入烤箱中，以上火180℃、下火160℃烘烤，烘烤约20分钟，烤箱内蛋糕体积高度会膨胀且上色，这表示蛋糕体已接近烤熟的状态（见图8）。
8. 继续烘烤约15分钟，蛋糕体积膨胀高度会逐渐下降，蛋糕表面周围会有细小皱摺。这时可以打开烤箱，轻拍蛋糕体表面，若是蓬松有弹性就表示蛋糕已经烤熟；反之，则继续烘烤至熟（见图9）。
9. 取出烤熟的蛋糕，立刻倒扣放凉，以防蛋糕遇冷收缩，待蛋糕完全冷却后，沿着烤模边缘和中空处向下快速轻压蛋糕体，使脱离，倒扣取出烤模中的天使海绵蛋糕即可（见图10~12）。

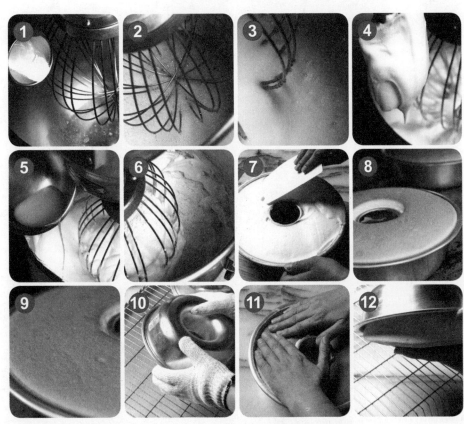

准备篇
面包篇
土司篇
蛋糕篇
饼干篇
西式点心篇
中式点心篇

巧克力海绵蛋糕 　40厘米×60厘米平盘 / 1盘

【材料】

A. 鸡蛋 ………………… 682克
　 细砂糖 ………………… 310克
B. 低筋面粉 ………… 248克
　 小苏打粉 ………………… 5克
C. 全脂鲜奶 ………… 100毫升
D. 色拉油 ………… 55毫升
　 可可粉 ………………… 100克

【做法】

1. 材料D的色拉油以中火加热至有油纹，倒入过筛的可可粉拌匀成热可可油备用（见图1）。

2. 材料A放入搅拌缸中以高速搅拌，至蛋液体积变大、颜色变白、有明显纹路，转中速继续拌，打至发泡的蛋液以橡皮刮刀拉起时，2~3秒滴落1次（见图2~3）。

3. 材料B过筛2次，加入蛋液中拌匀成面糊，备用。

4. 取部分做法3的面糊和做法1的热可可油混合均匀，使其浓稠度相近，再倒入剩余的做法3面糊中拌匀（见图4~5）。

5. 于拌匀的面糊中加入全脂鲜奶搅拌均匀。

6. 将大小约40厘米×60厘米的平盘铺上白报纸（见图6），倒入做法5的面糊且轻敲烤盘，让面糊中的气泡浮起释出，再抹平面糊表面（见图7）；放入烤箱以上火190℃、下火140℃烘烤，烘烤15~20分钟，至轻拍蛋糕表面蓬松有弹性即可出炉，置于凉架上待凉即可。

大理石海绵蛋糕 8寸2个

【材料】

A.鸡蛋 ……………467克
　细砂糖 …………237克
B.低筋面粉 ………199克
C.全脂鲜奶 ………59毫升
　色拉油 …………69毫升
D.可可粉 …………10克
　小苏打粉 …………1克
　热水 ……………15毫升

【做法】

1. 材料A放入搅拌缸中以高速搅拌，至蛋液体积变大、颜色变白、有明显纹路，转至中速继续拌打至发泡的蛋液以橡皮刮刀拉起时，2~3秒滴落1次。加入过筛2次的低筋面粉拌匀成面糊，备用。

2. 取部分做法1的面糊和材料C混合均匀，使其浓稠度相近，再倒入剩余的做法1面糊中拌匀，即原味面糊，备用。

3. 材料D的可可粉和小苏打粉一起过筛，倒入热水中拌匀；加入约1/5的原味面糊中拌匀，即巧克力面糊；将巧克力面糊倒入剩余的原味面糊中，拌2~3下。

4. 取2个8寸蛋糕烤模，将做法3的面糊倒入蛋糕烤模中6~7分满，抹平表面后轻敲烤模，让面糊内的气泡浮起释出。

5. 将完成的蛋糕烤模放入烤箱，以上火180℃、下火160℃烘烤，烘烤20~25分钟时，烤箱内蛋糕体积高度会膨胀到最高点，这表示蛋糕体已接近烤熟的状态。

6. 续烘烤15~20分钟，蛋糕体积膨胀高度会逐渐下降，表面周围会有细小皱摺。此时可打开烤箱，轻拍蛋糕中心，若是蓬松有弹性就表示蛋糕已经烤熟；反之，则继续烘烤至熟。

7. 取出烤熟的蛋糕立刻倒扣，以防蛋糕遇冷收缩。待蛋糕稍微冷却后，双手沿着模型边缘向下快速轻压蛋糕体，使蛋糕与烤模脱离，将蛋糕烤模底盘向上推出，剥开蛋糕底部即可。

长崎蜂蜜蛋糕 标准木框量

【材料】

鸡蛋……………………1090克
细砂糖…………………861克
麦芽糖…………………115克
蜂蜜……………………115毫升
奶粉……………………46克
低筋面粉………………574克

【做法】

1. 在烤盘下放入7张白报纸，裁成烤盘大小，放入烤盘中铺平备用，以防止烤焦，将铺好白报纸的木框放入烤盘上备用。
2. 将低筋面粉、奶粉过筛2次以上备用。
3. 将材料中的鸡蛋、细砂糖先拌匀后，开火加温至43℃左右，再加入蜂蜜、麦芽糖拌匀，倒入搅拌缸中（见图1~2）。
4. 先用高速将面糊打至变白后，改用中速继续搅拌，搅拌至面糊拉起来是急流状，但滴下的地方是慢慢地散开（见图3~4）。
5. 再将做法2的材料倒入，先用慢速搅拌2~3下，再转中速搅拌约20秒至均匀即可（见图5~6）；取出用刮板略拌一下，看看底部是否有不均匀的地方，如有不均匀可用刮板再拌匀即可。
6. 倒入木框中抹平，进炉烤焙，烤焙温度为上火180℃、下火160℃，进炉后90秒，取出用刮板抹平面糊，去除气泡，再喷一点水。重复此步骤3次，每次间隔90秒，取出抹平喷水1次，续烤约20分钟至表面上色，取出用刀子将面糊四周割开（见图7~10）。
7. 表面先盖上1张烤焙纸，再加盖1个烤盘，继续烤25~30分钟至熟即可。出炉后用刀子将蛋糕与白报纸割分开，取出木框，将白报纸慢慢撕开，蛋糕移至出炉架上放凉即可（见图11~15）。

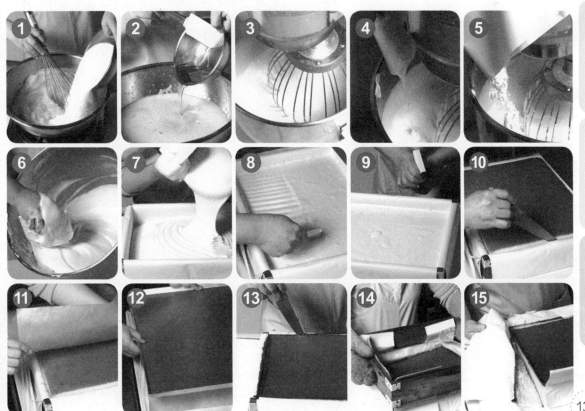

黑糖蜂蜜蛋糕 标准木框量

【材料】

鸡蛋…………1090克
细砂糖…………861克
麦芽糖…………115克
蜂蜜…………115毫升
奶粉……………46克
低筋面粉………574克
黑糖蜜…………100克
水…………574毫升

备注 木框包法请见P.27。

【做法】

1. 烤盘下放7张白报纸，裁成烤盘大小，放入烤盘中铺平，再将铺好白报纸的木框放入烤盘上备用。

2. 将黑糖蜜与少许水（分量外）拌至溶化；低筋面粉、奶粉过筛2次以上备用。

3. 将鸡蛋、细砂糖先拌匀，再开火加温至43℃左右，再加入蜂蜜、麦芽糖拌匀，倒入搅拌缸中。先用高速将面糊打至变白后，改用中速继续搅拌，搅拌至面糊拉起来是急流状，但滴下处是慢慢散开；再将过筛完的低筋面粉、奶粉倒入，先用慢速搅拌2~3下，再转中速搅拌约20秒至均匀。

4. 取出用刮板略拌一下，看看底部是否有不均匀的地方，如有可用刮板拌匀即可。

5. 取一些做法4的面糊与做法2的黑糖水拌匀，再倒回做法4剩余面糊中拌匀，即可倒入木框中，抹平表面，进炉烤焙，烤焙温度为上火180℃、下火160℃。

6. 进炉之后90秒，取出用刮板抹平面糊，去除气泡，再喷一点水（重复此步骤3次，每次间隔90秒，取出抹平喷水1次）。续烤约20分钟至表面上色，取出用刀子将面糊四周割开，表面先盖上1张烤焙纸、再加盖1个烤盘，继续烤25~30分钟至熟即可。

7. 出炉后用刀子将蛋糕与白报纸割分开，取出木框，将白报纸慢慢撕开，蛋糕移至出炉架上放凉，待凉后切成长条状，表面再刷上少许黑糖蜜（分量外）增加风味即可。

肉松蛋糕卷 40厘米2条

【材料】

A. 鸡蛋 ···················· 783克
　　细砂糖 ·················· 400克
B. 低筋面粉 ············· 300克
　　玉米粉 ···················· 33克
C. 全脂鲜奶 ··········· 167毫升
　　色拉油 ··············· 117毫升
D. 葱花 ····················· 100克
　　肉松 ····················· 100克
E. 美乃滋 ··················· 适量

【做法】

1. 将材料A的鸡蛋及细砂糖放入搅拌缸中，以高速拌打至蛋液体积变大、颜色变白、有明显纹路；再转至中速拌打至以橡皮刮刀拉起发泡的蛋液时，发泡的蛋液2~3秒滴落1次。
2. 材料B一起过筛2次，加入做法1的搅拌缸中拌匀成面糊。
3. 材料C混合均匀，取少许做法2的面糊加入拌匀，使其浓稠度相近，再倒入剩余的做法2面糊中拌匀。
4. 将大小约40×60厘米的平盘铺上白报纸，倒入做法3的面糊后抹平面糊表面，均匀地撒上葱花和肉松，再轻敲烤盘让面糊中的气泡浮起释出。
5. 放入烤箱以上火190℃、下火140℃烘烤，烘烤约35分钟，至轻拍蛋糕表面蓬松有弹性即可出炉，置于凉架上待凉。
6. 蛋糕放凉后，翻面均匀地抹上美乃滋，再卷起呈圆筒状即可。

准备篇

面包篇

土司篇

蛋糕篇

饼干篇

西式点心篇

中式点心篇

摩卡蛋糕卷 40厘米×60厘米平盘 / 1盘

【材料】

A.鸡蛋812克、细砂糖414克

B.低筋面粉345克、可可粉17克

C.全脂鲜奶104毫升、即溶咖啡粉4克、色拉油121毫升

D.咖啡奶油霜适量

【做法】

1. 材料A放入搅拌缸中以高速搅拌，至蛋液体积变大、颜色变白、有明显纹路；转至中速继续拌打至发泡的蛋液以橡皮刮刀拉起时，2~3秒滴落1次。

2. 低筋面粉和可可粉一起过筛2次，加入做法1的搅拌缸中拌匀成面糊，备用。

3. 材料C中的全脂鲜奶加热，倒入其余材料C混合均匀，再加入部分做法2的面糊拌匀，使其浓稠度相近，再倒入剩余的做法2面糊中拌匀，备用。

4. 取一大小约40厘米×60厘米的平盘，铺上白报纸，倒入做法3的面糊，抹平表面后轻敲平盘，让面糊内的气泡浮起释出；放入烤箱中以上火190℃、下火140℃，烘烤25~30分钟，至轻拍蛋糕表面膨松有弹性即可出炉，置于凉架上待凉。

5. 蛋糕体冷却后撕去白报纸，并剥去蛋糕体烘烤表面的外皮，均匀地涂上适量的咖啡奶油霜，再卷起呈圆筒状即可。

咖啡奶油霜

 材料

A.白油100克、奶油100克

B.果糖150克

C.即溶咖啡粉8克、热水少许

 做法

1. 材料A以打蛋器拌至颜色变白、体积变大，加入果糖续继搅拌至奶油霜呈膨松状、入口无油腻感。

2. 即溶咖啡粉以少许热水溶解呈浓稠状，倒入做法1的材料内拌匀即成咖啡奶油霜。

苹果布朗尼 长条模10个

【材料】

奶油……………………880克
细砂糖…………………1199克
鸡蛋……………………960克
苦甜巧克力……………681克
低筋面粉………………320克
可可粉…………………125克
杏仁粉…………………150克
苹果……………………800克
糖粉……………………少许

【做法】

1. 苹果洗净，去核切小片，备用。
2. 苦甜巧克力切碎后放入小锅中，以隔水加热方式使其充分溶化，将外锅水温维持在约50℃保温备用。
3. 将低筋面粉、可可粉与杏仁粉混合一起过筛备用。
4. 奶油放于室温中软化后，与细砂糖一起放入搅拌缸中，以慢速搅拌至微发，分次加入全蛋以中速搅拌至完全均匀，再倒入做法3的粉料。
5. 续以中速搅拌均匀后，慢慢加入溶化的巧克力拌匀。
6. 最后加入苹果片稍微拌匀，倒入铺好烤盘纸的水果条模型中抹平，移入预热好的烤箱，以上火190℃、下火180℃烘烤约40分钟。
7. 食用前在表面放上苹果片（分量外），并撒上少许糖粉装饰即可。

准备篇
面包篇
土司篇
蛋糕篇
饼干篇
西式点心篇
中式点心篇

金字塔蛋糕 约10片

【材料】

A. 色拉油 …………… 59毫升
　 可可粉 ……………… 44克
B. 鸡蛋 ……………… 622克
　 蛋黄 ………………… 30克
　 细砂糖 …………… 504克
C. 低筋面粉 ………… 297克
　 小苏打粉 …………… 3克
D. 奶水 ……………… 77毫升
　 巧克力奶油霜 …… 100克
　 巧克力淋酱 …… 200毫升
　 装饰用巧克力片 …… 10片

【做法】

1. 将材料A的色拉油加热至85℃左右，加入已过筛的可可粉拌匀。
2. 将材料B倒入搅拌缸中，用球状搅拌器以高速快速搅拌，拌至浓稠状，再转中速使蛋糊稳定且光滑细致。
3. 将材料C过筛2次以上，倒入做法2的材料中拌至均匀，再加入奶水拌匀。
4. 倒入模型中，抹平表面，入烤箱，以上火190℃、下火150℃，烘焙约25分钟，烤至表面摸起来有弹性。
5. 取出后待凉，将蛋糕切成4片，中间抹上巧克力奶油霜，再将蛋糕层层重叠，对切成2个三角形，将2个三角形合并呈金字塔状，边缘抹上一层巧克力奶油霜，入冷冻库冰冻一下再取出，最后淋上巧克力淋酱。
6. 切成10等份，装饰上巧克力片即可。

备注 巧克力奶油霜做法请见P.115。

原味马芬1 约7个

【材料】

蛋液	217克
糖粉	162克
盐	3克
奶油	149克
牛奶	41毫升
低筋面粉	270克
泡打粉	8克

【做法】

1. 全蛋液放入搅拌缸中，加入一起过筛好的糖粉和盐以慢速搅拌均匀。
2. 将奶油以微温的水隔水溶化后加入做法1的材料中，拌匀至完全吸收后加入牛奶拌匀。
3. 将低筋面粉和泡打粉一起过筛后加入，以慢速搅拌成无干粉状的面糊。
4. 将面糊装入挤花袋中，再挤入马芬纸模至8分满，放入预热好的烤箱以上火190℃、下火170℃烘烤约25分钟后取出即可。

新手看这里

　　基本拌合法就是先将湿性材料拌匀后再加入干性材料，为马芬最简单的做法。不需要搅拌至完全均匀，只要材料混合吸收成面糊就好。所以面糊中可以看到较粗的颗粒，制作快速、成功率高，成品较粗矿，属传统美式做法。

重奶油磅蛋糕

重奶油蛋糕，以面粉和油脂接近1：1为主，添加大量油脂的主要目的，在于搅拌时拌入大量空气，使面糊在烤焙时受热产生膨胀作用，并使蛋糕的组织柔软细致。重奶油蛋糕又称为Pound Cake。

原味磅蛋糕 约3条

【材料】

奶油	200克
细砂糖	200克
盐	1克
鸡蛋	200克
低筋面粉	280克
发粉	4克
奶水	80毫升

【做法】

1. 奶油中加入细砂糖和盐后，使用电动打蛋器一起打发（见图1）。
2. 鸡蛋打散成蛋液后，分2~3次加入做法1的材料中搅打（见图2）。
3. 加入过筛后的低筋面粉、发粉一起拌匀（见图3）。
4. 视面糊的软硬度，慢慢加入奶水拌匀（见图4）。
5. 然后倒入铺有烤焙纸的长形烤模中（见图5），放入烤箱下层以180℃烤约30分钟。
6. 将烤焙好的蛋糕体连同模型取出，先由一端将烤焙纸慢慢拉起（见图6）。
7. 再拉起另一端的烤焙纸，直到蛋糕体可完全脱模取出（见图7）。

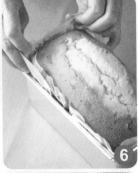

准备篇
面包篇
土司篇
蛋糕篇
饼干篇
西式点心篇
中式点心篇

蜂蜜磅蛋糕 约3条

【材料】

高筋面粉……………………433克
奶油…………………………433克
糖粉…………………………304克
蜂蜜………………………130毫升
乳化剂…………………………13克
盐………………………………9克
奶水…………………………43毫升
蛋液…………………………433克

【做法】

1. 将白报纸折好放入水果条模型中备用（见图1）。
2. 高筋面粉、糖粉过筛备用（见图2）。
3. 将奶油、蜂蜜、乳化剂、盐、奶水、做法2的高筋面粉及糖粉倒入搅拌缸中（见图3）。
4. 装入桨状搅拌器，先用慢速搅拌至无干粉状（见图4）。
5. 再改用中速搅拌至有绒毛状，这中间要停机刮缸（见图5）。
6. 继续搅拌至体积变大、变白，绒毛状更长（见图6）。
7. 分次加入蛋液，继续搅拌至蛋液均匀为止（见图7）。
8. 拌至面糊呈光滑细致状（见图8）。
9. 装入做法1的模型中，入烤箱烤焙，烤焙温度为上火170℃、下火170℃（见图9）。
10. 烤至表面结皮后，取出划1刀（见图10）。
11. 继续烤焙至表面裂口呈金黄色即可（见图11）。

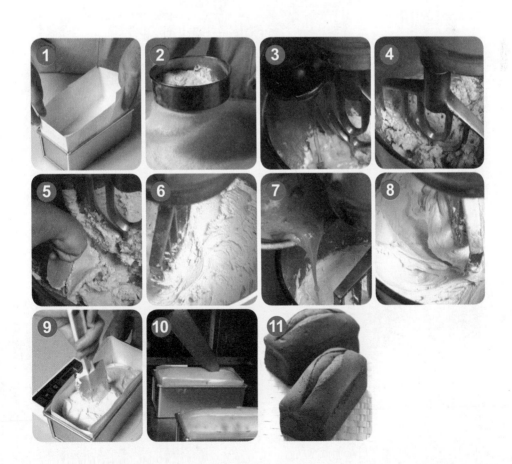

杏仁磅蛋糕 约6个

【材料】

高筋面粉	145克
奶油	145克
糖粉	101克
蜂蜜	43毫升
乳化剂	4克
盐	3克
奶水	14毫升
蛋液	145克
杏仁粉	28克
杏仁片	50克

【做法】

1. 将模型抹上一层白油（分量外）备用。

2. 高筋面粉、糖粉过筛备用。

3. 将奶油、蜂蜜、乳化剂、盐、奶水、杏仁粉、做法2的高筋面粉及糖粉倒入搅拌缸中，装入桨状搅拌器；先用慢速搅拌至无干粉状，再改用中速搅拌至有绒毛状，过程中要停机刮缸。

4. 继续搅拌至体积变大、变白、绒毛状更长后；分次加入蛋液，至蛋液均匀、面糊呈光滑细致状。

5. 装入做法1的模型中，表面撒上杏仁片，入烤箱烤焙，烤焙温度为上火200℃、下火170℃，烤至表面呈金黄色且有弹性即可。

大理石磅蛋糕 2个长方模

【材料】

A.奶油……………190克
　白油……………80克
B.低筋面粉………285克
　泡打粉……………5克
C.鸡蛋………………5个
　糖粉……………265克
D.鲜奶……………45毫升
E.可可粉……………3克
　小苏打粉…………1克
　温开水…………9毫升

【做法】

1. 材料A搅拌均匀，加入已过筛的材料B搅拌至呈乳白色；糖粉过筛与其余材料C搅拌均匀，隔水加热至约30℃时，再加入鲜奶搅拌均匀，备用。

2. 将所有做法1的材料搅拌均匀至面糊呈光滑无颗粒状，此即奶油面糊；材料E搅拌均匀，取170克的奶油面糊倒入一起搅拌均匀，此即巧克力面糊，备用（见图1~2）。

3. 于长方烤模中以倒入一层奶油面糊、一层巧克力面糊的方式，倒至6~7分满时，抹平后取长竹签插入面糊中划出纹路（见图3~4）。

4. 将烤模送进已预热的烤箱，以上火170℃、下火170℃烘烤35~40分钟即可（见图5）。

蜜之果磅蛋糕 约3条

【材料】

高筋面粉···············433克
奶油·····················433克
糖粉·····················304克
蜂蜜·················130毫升
乳化剂···················13克
盐···························9克
奶水·················43毫升
蛋液·····················433克
蜜之果·················100克

【做法】

1. 将白报纸折好放入水果条模型中备用。
2. 高筋面粉、糖粉过筛备用。
3. 将奶油、蜂蜜、乳化剂、盐、奶水、做法2的高筋面粉及糖粉倒入搅拌缸中,装入桨状搅拌器;先用慢速搅拌至无干粉状,再改用中速搅拌至有绒毛状,这中间要停机刮缸。
4. 继续搅拌至体积变大、变白,绒毛状更长后,分次加入蛋液,至蛋液均匀、面糊呈光滑细致状,加入蜜之果拌匀。
5. 装入做法1的模型中,入烤箱烤焙,烤焙温度为上火170℃、下火170℃;烤至表面结皮后,取出划1刀,再继续烤焙,烤至表面裂口呈金黄色即可。

红茶磅蛋糕 约4条

【材料】

A.奶油·····················145克
B.低筋面粉···············145克
　奶粉·······················6克
　泡打粉···················1克
C.细砂糖·················130克
　盐·························1克
D.蛋液·····················145克
E.红茶渣···················1包
F.红茶汁(冷)···········15毫升

【做法】

1. 奶油切片待其软化,材料B混合过筛备用。
2. 将材料A、材料B拌匀打发至体积变大、变白,再加入材料C拌匀。
3. 蛋液亦分次加入拌匀至糖溶化无颗粒状,即可加入红茶渣拌匀。
4. 红茶汁分2次加入拌匀,即可将面糊倒入已抹油的模型中,最后放入已预热至170℃的烤箱烤约35分钟即可。

【材料】

高筋面粉⋯⋯⋯⋯⋯⋯145克
奶油⋯⋯⋯⋯⋯⋯⋯⋯145克
糖粉⋯⋯⋯⋯⋯⋯⋯⋯101克
蜂蜜⋯⋯⋯⋯⋯⋯⋯43毫升
乳化剂⋯⋯⋯⋯⋯⋯⋯⋯4克
盐⋯⋯⋯⋯⋯⋯⋯⋯⋯⋯3克
奶水⋯⋯⋯⋯⋯⋯⋯⋯14毫升
蛋液⋯⋯⋯⋯⋯⋯⋯⋯145克
柚子酱⋯⋯⋯⋯⋯⋯⋯适量

【做法】

1.高筋面粉、糖粉过筛备用。
2.将奶油、蜂蜜、乳化剂、盐、奶水、做法1的高筋面粉及糖粉倒入搅拌缸中，装入桨状搅拌器；先用慢速搅拌至无干粉状，再改用中速搅拌至有绒毛状，这中间要停机刮缸。
3.继续搅拌至体积变大、变白，绒毛状更长后，分次加入蛋液，至蛋液均匀、面糊呈光滑细致状。
4.将面糊装入纸杯模中，入烤箱烤焙，烤焙温度为上火200℃、下火170℃，烤至表面呈金黄色且有弹性。
5.待放凉后，表面均匀刷上一层柚子酱即可。

柚子磅蛋糕 约30个

【材料】

A.细砂糖⋯⋯⋯⋯⋯⋯240克
盐⋯⋯⋯⋯⋯⋯⋯⋯⋯⋯3克
鸡蛋⋯⋯⋯⋯⋯⋯⋯⋯⋯3个
色拉油⋯⋯⋯⋯⋯⋯130毫升
奶油⋯⋯⋯⋯⋯⋯⋯⋯130克
香草精⋯⋯⋯⋯⋯⋯⋯⋯5克
B.低筋面粉⋯⋯⋯⋯⋯325克
肉桂粉⋯⋯⋯⋯⋯⋯⋯⋯2克
泡打粉⋯⋯⋯⋯⋯⋯⋯⋯7克
C.芒果丁⋯⋯⋯⋯⋯⋯210克

【做法】

1.所有材料A依序倒入钢盆中，全部搅拌均匀至材料完全融合。
2.所有材料B过筛，倒入做法1的钢盆中搅拌均匀，至面糊呈光滑无颗粒状，拌入芒果丁，再倒入长方模中抹平。
3.将烤模送进已预热的烤箱，以上火180℃、下火180℃烘烤35~40分钟，烘烤中待蛋糕表面结皮时，以锯齿刀从中间划1刀，继续烘烤至熟即可。

芒果磅蛋糕 2个长方模

森林蛋糕 约8个

【材料】

奶油·················106克
糖粉·················106克
蛋液·················16转克
低筋面粉···········194克
泡打粉···············2克
牛奶·················25毫升
冷冻覆盆子··········60克

【做法】

1. 将奶油切片放于室温软化后放入搅拌缸中，加入过筛好的糖粉，以慢速拌至无干粉状，转中速搅拌至颜色变白、体积变大且呈绒毛状。
2. 将蛋液分次加入，拌匀至完全吸收。
3. 将低筋面粉和泡打粉一起过筛后加入，以慢速搅拌成无粉状后，改中速搅拌至均匀，再加入牛奶拌匀成面糊。
4. 将面糊装入挤花袋中，挤入纸模至半满时放入冷冻覆盆子，续加至8分满，放入预热好的烤箱以上火190℃、下火170℃烘烤约25分钟后取出即可。

软式布朗尼 8寸2个

【材料】

杏仁TPT粉·········365克
糖粉·················435克
蛋液·················521克
牛奶·················391毫升
奶油·················470克
低筋面粉············470克
可可粉···············94克
小苏打粉·············10克
巧克力豆············183克
杏仁果···············78克
榛果··················104克
松子··················78克
开心果················50克

【做法】

1. 将杏仁果、榛果、松子、开心果分别放入烤盘中，以上火150℃、下火150℃烘烤约15分钟，至表面干酥备用。
2. 将糖粉、杏仁TPT粉混合一起过筛备用。
3. 将低筋面粉、可可粉与小苏打粉混合，一起过筛备用。
4. 奶油切片，隔水加热使其充分溶化备用（见图1）。
5. 将做法2的材料放入搅拌缸中，分次加入蛋液（见图2），以中速搅拌至完全均匀且湿软，再倒入做法3的粉料（见图3）。
6. 续以中速搅拌均匀后，加入奶油拌匀，再加入牛奶拌匀（见图4），最后加入巧克力豆稍微拌匀成面糊。
7. 将面糊倒入铺好烤盘纸的椭圆形烤盘中抹平，均匀撒上做法1的材料（见图5~7），移入预热好的烤箱，以上火180℃、下火180℃烘烤约40分钟即可。

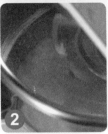

原味马芬2 约10个

【材料】

奶油·······················133克
糖粉·······················146克
盐·····························2克
蛋液·······················194克
低筋面粉···················243克
泡打粉·······················6克
牛奶·······················36毫升

【做法】

1. 将奶油切片于室温软化后，放入搅拌缸中，加入一起过筛好的糖粉和盐，以慢速搅拌至颜色变白、体积变大，且呈绒毛状（见图1~2）。
2. 将蛋液分次加入，拌匀至完全吸收（见图3）。
3. 将低筋面粉和泡打粉一起过筛后加入，以慢速搅拌成无粉状后，改中速搅拌至均匀，再加入牛奶拌匀成面糊（见图4~7）。
4. 装入挤花袋中，挤入马芬纸模至8分满，放入预热好的烤箱中，以上火190℃、下火170℃烘烤约25分钟后取出即可。

新手看这里

糖油拌合法就是先将糖粉和奶油搅拌均匀至松发，再依序加入其他材料的做法。面糊看起来最光滑柔亮，膨胀率也最高，所以做出来的马芬口感比基本拌合法细致。不过制作过程容易油水分离，失败率较高。

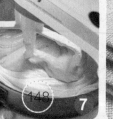

原味马芬3 约6个

【材料】

奶油··················137克
低筋面粉············196克
泡打粉··················2克
糖粉··················118克
盐······················2克
蛋液··················165克
牛奶················40毫升

【做法】

1. 将奶油切片放于室温软化后，放入搅拌缸中以慢速稍微搅拌几下，加入一起过筛好的低筋面粉和泡打粉，以浆状搅拌器慢速搅拌至颜色变白、体积变大，且呈轻微绒毛状（见图1~3）。

2. 将糖粉和盐一起过筛后加入（见图4），以慢速搅拌成无粉状后，改中速搅拌至有明显的搅拌纹路且呈绒毛状。

3. 将蛋液分次加入，拌匀至完全吸收，再加入牛奶拌匀成面糊（见图5~6）。

4. 装入挤花袋中，挤入马芬纸模至8分满（见图7），放入预热好的烤箱中，以上火180℃、下火170℃烘烤约30分钟后取出即可。

新手看这里

　　粉油拌合法是先将面粉和泡打粉先与奶油搅匀，再依序加入其他材料的做法。面糊呈现均匀光滑的质地，因为奶油的比例高，所以成品口感细密扎实，膨胀率也较低，但如果打得过久，面糊会出筋而影响马芬的膨胀。

准备篇　面包篇　土司篇　蛋糕篇　饼干篇　西式点心篇　中式点心篇

奶酪、慕斯蛋糕

奶酪蛋糕的灵魂材料

松软可口的慕斯蛋糕，口味变化超出你的想象，你可以添加许多不同的材料加以变化，还可搭配装饰材料使视觉更丰富，下面不妨跟着我们一起DIY吧！奶酪蛋糕绵密、细致、扎实的口感，慕斯蛋糕特有的浓郁香味更是不可或缺，都是咖啡馆里或烘焙面包店中的明星商品。两种蛋糕一起享用，让你每一口都能咬到幸福的好味道喔！

奶酪

奶酪蛋糕要好吃，选对材料很重要，千万别误以为只要是奶酪都可以拿来做奶酪蛋糕喔！奶酪的种类多到令人眼花缭乱，不过，本书只使用3种奶酪，就可以让你变化出不同口味的奶酪蛋糕啰！

Cottage Cheese（卡特基奶酪）

属于低脂的奶酪，适合不喜欢高卡路里的人享用，它的外表呈现出纯白的颜色，也略带有湿润的凝乳状，风味较为温和，也没有较为强烈的气味。通常会拿来作为制作奶酪蛋糕的材料，也可以搭配着沙拉或是蔬果一起吃也很适合。

Cream Cheese（奶油奶酪）

奶油奶酪是在牛乳中加入鲜奶油一起混合所制成的，最常用于制作奶酪蛋糕等甜点。它的质地较为柔软滑润，并呈现出膏状，具有浓厚的奶油味，除了拿来制作奶酪蛋糕，也可以拿来作为开胃菜或酱汁使用。

Ricotta Cheese（丽可塔奶酪）

是以乳清做成的奶酪，它的口感类似卡特基奶酪，呈现出白色的颜色，其质地细致柔软并略带点甜味，使用于糕点的制作。也可以加入细砂糖、果酱与水果一起食用。

奶酪分为干酪和湿酪二类

干酪可依制造方式来区分，以软硬度来分、以熟成度来分，或以熟成的菌种来分。软硬度指的是含水分的多寡，通常分作含水量最高的超软质，然后逐渐是软质、半软质、半硬质、硬质以及超硬质奶酪。干酪可直接吃或蘸酱，风味较浓郁。

奶酪蛋糕是用湿酪做的，为新鲜奶酪，其特征是柔软，颜色白或接近白色。新鲜奶酪的取得是将乳汁发酵取得凝乳，沥干水分稍加定型后，不经过熟成而直接食用。这类奶酪含水量高，带酸味，口感清爽。因为味道不会太重，所以较容易被人们接受。我们常拿来作蛋糕的奶油奶酪（Cream Cheese）、麦斯卡波内奶酪（Mascarpone），还有当作前菜、沙拉的马自拉奶酪（Mozzarella）。常被用来代替酸奶的法国白奶酪，以及调味的宝生奶酪（Boursin）等皆属此类。

在中国台湾，以卡夫（KRAFT）的菲力忌廉奶酪Philadelphia Cream Cheese最适合用来做奶酪蛋糕，其质地柔软细腻，风味独特，是做蛋糕必备的材料。

不论哪一种奶酪，一旦到了最适当的熟成度就赶快食用，因为那是奶酪品质达到高峰、也是最美味的时候，过了这个高峰品质就开始走下坡了。而已经开封的奶酪要小心保存，因为奶酪每天都会继续熟成，不应该任意曝露在高温、干燥的环境中，或受日光直接照射。最好是放置在适当的温度和湿度中，也就是温度10℃左右、湿度80%的阴凉场所，在一般家庭中大概只有冰箱比较符合这个理想的储藏环境。

成功**烘烤**奶酪蛋糕的**秘诀**

秘诀❶ Cream Cheese需先软化

　　刚从冰箱中取出的Cream Cheese很硬，当然要先经过室温或隔水加热的方式待软化后，才能与其他材料一起搅拌均匀，这样不仅在搅拌过程中可以省力气外，也较不会让面糊产生颗粒，破坏口感。

秘诀❷ 粉类必须事先过筛

　　烘焙初学者一定要记得这个秘诀，无论烤焙什么样的点心都要将粉类先过筛，才能进行接下来的动作。目的是要将杂质或受潮结球的颗粒打散，若是省略了这个动作，容易使面糊在搅打过程中产生颗粒，烤焙出来的蛋糕口感就没那么细致了唷！

秘诀❸ 蛋清和细砂糖要打至湿性发泡

　　奶酪蛋糕的材料中若有使用到蛋清和细砂糖的时候，一定要先将这二者一起搅打至湿性发泡且细致光滑、无颗粒状，这样烤焙出来的蛋糕组织会较为绵密细致。

秘诀❹ 隔水或隔冰水低温蒸烤

　　许多奶酪蛋糕蒸烤不成功，就在于温度的掌控不对，所以掌握住正确的蒸烤温度是很重要的一件事情。一定不能让下层烤箱的温度过高，否则蒸烤出来的奶酪蛋糕容易造成表面凸出破裂或蒸烤不完全的窘态。因此，我们必须在奶酪模放入烤盘中时，再于烤盘中倒入冷水或冰水可以稍加降温，烤焙效果最佳。

美味奶酪蛋糕制作

Q&A

从别人失败的例子中记取经验，不要再重蹈覆辙犯下同样的错误，既可以为自己省下时间又可以免除吃尽苦头的痛苦。现在，就一起来看看初学者最容易产生疑惑的地方吧。

准 备 篇

面 包 篇

土 司 篇

蛋 糕 篇

饼 干 篇

西 式 点 心 篇

中 式 点 心 篇

Q1 为何奶酪蛋糕会呈现出表面焦而里层却不熟的情况呢?

A 温度的掌控很重要唷! 若因蒸烤的温度不对，假设下层烤箱温度过高，造成蛋糕表面不透气，就容易出现外焦内不熟的情况，最好采用低温长时间的蒸烤方式，在烤盘里放入冷水或冰水就是降低烤箱温度最好的方式，也是维持奶酪蛋糕好口味的一个步骤。

Q2 如何将奶酪蛋糕漂亮脱模呢?

A 首先要在奶酪模里面刷上一层薄油，再倒入面糊。放入烤箱蒸烤完成后，可别一出炉就急着脱模，此时，先让蒸烤好的奶酪蛋糕放在一旁冷却，再送入冰箱中冷藏，食用前再取出脱模，这点与一般海绵蛋糕不同，一定要记得唷! 脱模的时候，再使用刮刀沿着模型边缘刮一圈，再倒扣，就能漂亮地取出蛋糕了。

Q3 若无多余的时间，是否有最省力的奶酪蛋糕中的底层呢?

A 通常奶酪蛋糕中的底层饼干是利用苏打饼干压碎后，再和糖粉、无盐奶油混合拌匀而成的。但如果真的不想把饼干压碎那么麻烦，可以在烘焙材料商店中买现成的饼干屑代替也可以。不过同样也要和糖粉、无盐奶油一起混拌均匀，这样底层饼干才有办法凝结，才不会一咬到奶酪蛋糕就让底层饼干四处掉饼干屑了。

Tiramisù 提拉米苏制作 Q&A

Q1 蛋黄与蛋清一定要分开打吗？

A 鸡蛋，在乳酪慕斯馅、蛋糕体制作中占有重要地位，通常分为全蛋、蛋黄、蛋清的使用。所以在看食谱的时候，一定要注意到底食材上写的是哪种蛋。

通常口感细致的点心，在步骤上会将蛋清与蛋黄分开来秤重与制作，这是因为蛋黄与蛋清的比例会让成品产生不同的口感，而全蛋则无法拿捏准确里面蛋黄与蛋清的比例。使用蛋黄，可以让点心味道更香、口感松软；而蛋清，则能使口感更细致又富有弹性，若全蛋一同混合，制作出来的口感就是差了点。因此，为了制作出令人感动的完美点心，千万别偷懒，让蛋清与蛋黄都可以发挥出最好的特性后，再行混合吧。

Q2 为什么材料的分量都如此不规则？

A 在烘焙的世界中，越精致的点心，越注重分量比例，而且烘焙是可以建立出一套完整SOP（Standard Operational Procedure 标准化制作流程）的食谱与制作流程的。所以只要照着食谱的分量、比例、做法，一定可以做出跟老师一样的点心来。因此，若你仔细计算一下食谱分量，就会发现换算成比例，每部分相加就会是100%，而想要制作出完美的点心，可别心烦气燥，正确地秤出分量，就可以让你的提拉米苏更完美。

Q3 为什么冷冻后的指形蛋糕口感变得脆脆的？

A 正统的提拉米苏里，是用指形蛋糕沾裹咖啡酒糖液，让香香浓浓的咖啡酒糖液稍微渗入指形蛋糕中。但千万记得不要让指形蛋糕沾吸咖啡酒糖液太多，因为指形蛋糕若内层吸太多咖啡酒糖液，在冷冻后内层会出现咖啡酒糖液结晶，脆脆的口感反而不讨喜。因此，若不太会拿捏吸收度，可以将指形蛋糕排好后，用刷子沾咖啡酒糖液后均匀地轻刷指形蛋糕表面即可。这样就不会让指形蛋糕一不小心掉到咖啡酒糖液中翻滚不起，不仅黑乌乌，还影响了成品的口感。

Q4 为什么要选用动物性鲜奶油，而不选用植物性鲜奶油呢？

A 动物性鲜奶油与植物性鲜奶油除了取得来源不同外，最主要是因为口感的差异。一般来说，动物性鲜奶油香味较浓，质地也较浓稠，但口感却是清爽的；而植物性鲜奶油则甜味较重，通常制作点心常使用植物性鲜奶油。但慕斯类的点心大多选用植物性鲜奶油，一方面是尝起来爽口，另一方面则是甜味淡，整体吃起来才不会腻。

慕斯蛋糕制作 Q&A

Q 吉利丁片要怎么使用呢？

A 由于制作慕斯蛋糕大部分会使用到吉利丁片，而吉利丁片使用前要先放在冰水中泡软后，再隔水加热至溶化后，才能加入其他材料中一起使用。

Q 香草豆要怎么使用呢？

A 有时为了增加风味，我们在制作慕斯蛋糕体时会添加香草豆来产生不一样的风味感，而香草豆的使用也是十分的简单，只要牢记以下2个步骤，你就能轻松搞定它了。

Step1: 将香草棒从中间处直剖开。

Step2: 使用刀子将香草棒的籽刮出来后，放入牛奶中，以小火煮至香味溢出来后，再捞起豆荚即可。

Q 制作完成好的慕斯蛋糕该如何保存呢？

A 由于慕斯蛋糕中有添加吉利丁片以增加其凝固度，但是因为吉利丁片在温度10℃以上就会开始慢慢溶化了。所以制作完成好的慕斯蛋糕一定要放在冰箱中低温冷藏，也就是说温度最好是控制在10℃以下，才能确保慕斯蛋糕的保鲜度。所以当你想要制作慕斯蛋糕时，最好先将家中的冷藏温度调控好，这样辛辛苦苦制作出来的慕斯蛋糕才不会因为温度问题而导致失败。

准备篇
面包篇
土司篇
蛋糕篇
饼干篇
西式点心篇
中式点心篇

重乳酪奶酪蛋糕 8寸1个

【材料】

Cream Cheese ………… 750克
细砂糖 …………………… 160克
蛋黄 ………………………… 4个
蛋清 ………………………… 4个
海绵蛋糕 …………… 8寸切1片
（约1厘米厚度）

备注 海绵蛋糕做法请见P.120。

【做法】

1. 将Cream Cheese放于室温下软化后，加入80克细砂糖搅打至变软，再加入蛋黄拌匀至无颗粒状（见图1），备用。
2. 将蛋清及剩余的80克细砂糖一起打发至湿性发泡。
3. 将做法2材料倒入做法1的材料中拌匀（见图2），即为奶酪面糊。
4. 取1个8寸奶酪模，在模内涂抹上一层薄油（见图3）。
5. 将厚约1厘米的香草海绵蛋糕铺于奶酪模底层（见图4）。
6. 倒入奶酪面糊至8分满，并以抹刀整形（见图5）。
7. 再把奶酪模放在铺有冷水的烤盘上面（见图6），以上火200℃、下火150℃，烤约30分钟上色后，转上火至150℃续烤90分钟。
8. 取出重乳酪奶酪蛋糕，待凉后放入冰箱冷冻至冰硬，取出脱模即可（见图7）。

准备篇
面包篇
土司篇
蛋糕篇
饼干篇
西式点心篇
中式点心篇

轻乳酪蛋糕 约3条

【材料】

Cream Cheese ·········200克
无盐奶油······················60克
牛奶······················100毫升
低筋面粉····················25克
玉米粉·······················20克
蛋黄·······························5个
蛋清·······························5个
细砂糖·························110克
海绵蛋糕············8寸切1片
（约1厘米厚度）

备注 海绵蛋糕做法请见P.120。

【做法】

1. 将Cream Cheese、无盐奶油、牛奶放入容器内一起以隔水加热的方式，转小火煮软备用。

2. 将已过筛的低筋面粉、玉米粉与做法1的材料拌匀，再加入蛋黄一起搅拌均匀。

3. 将蛋清、细砂糖放入容器内一起打发至湿性发泡，倒进做法2的材料中拌匀，即为奶酪面糊。

4. 奶酪模内涂刷上一层薄油，先将海绵蛋糕铺于底层，再倒入奶酪面糊至8分满。

5. 倒入适量冷水在烤盘中，将奶酪模一起放在烤盘上，送入已预热的烤箱中，以上火200℃、下火150℃烤约30分钟至上色，转上火至150℃续烤60分钟即可。

咖啡奶酪蛋糕 9寸1个

【材料】

Cream Cheese ……500克
细砂糖 …………………135克
鸡蛋 …………………………5个
动物性鲜奶油…………30克
苦甜巧克力 ……………75克
KAHLUA咖啡酒 …… 45毫升
底层饼干 ………………适量
巧克力酱 ………………适量

【做法】

1. 将Cream Cheese、细砂糖放入容器内打软后，再加入全蛋拌匀，备用。

2. 动物性鲜奶油加热煮至滚沸，备用。

3. 将苦甜巧克力以隔水加热的方式煮至溶化时，冲入动物性鲜奶油拌匀，再加入做法1的材料一起拌匀。

4. 将KAHLUA咖啡酒加入拌匀，即为奶酪面糊。

5. 奶酪模内涂刷上一层薄油，先将底层饼干铺于底层，再倒入奶酪面糊至8分满的高度。

6. 再以巧克力酱在奶酪面糊上画出花纹装饰。

7. 倒入适量冷水在烤盘中，将面糊连同奶酪模放在烤盘上，送入已预热的烤箱中以上火170℃、下火170℃烤约40分钟上色后，将上下火转至150℃续烤约50分钟即可出炉。

大理石奶酪蛋糕 9寸1个

【材料】

Cream Cheese ····· 600克
细砂糖 ····················150克
鸡蛋 ·························· 4个
柳橙汁 ·················30毫升
底层饼干 ················ 适量
巧克力酱 ················ 适量

【做法】

1. 将Cream Cheese、细砂糖放入容器内一起打软后，再加入鸡蛋和柳橙汁拌匀，即为奶酪面糊（见图1~2）。
2. 奶酪模内涂抹上一层薄油后，先将底层饼干铺于奶酪模的底层，再将奶酪面糊倒入奶酪模中至8分满的高度（见图3~5）。
3. 用巧克力酱在面糊表面上以牙签画出花纹装饰（见图6）。
4. 将适量的冷水倒入在烤盘后，把奶酪模放在烤盘上面，以上火170℃、下火170℃，烤约40分钟上色后，转上下火至150℃续烤50分钟即可。

1

2

3

4

5

6

准备篇
面包篇
土司篇
蛋糕篇
饼干篇
西式点心篇
中式点心篇

草莓奶酪蛋糕 8寸1个

【材料】

Cream Cheese ·········300克
细砂糖 ·················100克
牛奶·····················90毫升
草莓酸奶 ···············100毫升
吉利丁片·················4片
动物性鲜奶油············200克

【做法】

1.Cream Cheese以隔水加热的方式使其
　回温软化后，放入搅拌器中，加入细砂
　糖、牛奶一起拌至呈无颗粒状时，再加入
　草莓酸奶搅拌均匀。

2.吉利丁片用冰水泡软沥干，再加入做法1
　的材料中一起隔水加热拌匀。

3.动物性鲜奶油用打蛋器打至6分发时，再
　倒入做法2的材料中一起搅拌均匀。

4.倒入模型中以刮刀抹平，放入冷冻库中，
　以-18℃冷冻约30分钟，食用前将草莓放
　上装饰即可。

巧克力奶酪蛋糕 8寸1个

【蛋糕体材料】

低筋面粉⋯⋯⋯⋯124克
糖粉⋯⋯⋯⋯⋯⋯124克
奶油⋯⋯⋯⋯⋯⋯62克
Cream Cheese⋯⋯62克
盐⋯⋯⋯⋯⋯⋯⋯⋯3克
鸡蛋⋯⋯⋯⋯⋯⋯62克

【慕斯馅材料】

动物性鲜奶油⋯⋯349克
蛋黄⋯⋯⋯⋯⋯⋯40克
苦甜巧克力⋯⋯⋯233克
咖啡酒⋯⋯⋯⋯⋯22毫升

【做法】

1. 取一钢盆，将面粉、糖粉、奶油、Cream Cheese、盐一起搅拌（见图1），至体积膨胀为3倍大、颜色变白且呈浓稠状。

2. 蛋打散，分次加入至做法1的材料中，拌至奶酪糊呈现光滑细致状态，再慢慢倒入6寸烤模中。

3. 放入烤箱中，以温度上火180℃、下火180℃烤35~40分钟至熟（即摸起来有弹性）即为蛋糕体。

4. 先将216克的动物性鲜奶油打至6分发；巧克力切成细碎备用。

5. 准备6寸烤模，将蛋糕体切成高1厘米，但边缘比6寸小1厘米的圆形，再放入烤模中备用。

6. 将133克的鲜奶油煮至80℃左右，加入巧克力碎，用刮刀轻拌至溶化后，加入蛋黄拌至光滑细致，再将做法4的动物性鲜奶油加入拌匀，最后加入咖啡酒一起拌匀，即为慕斯馅（见图2~5）。

7. 将慕斯馅倒入做法5的烤模中以刮刀抹平后，放入冷冻库中，以-18℃冷藏约30分钟即可（见图6）。

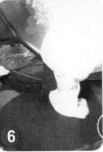

日式和风奶酪蛋糕 8寸2个

【材料】

Cream Cheese…400克
酸奶……………80毫升
蛋清………………3个
细砂糖…………100克
动物性鲜奶油……170克
甜派皮……………8寸2个
(做法见P.228)

【做法】

1.将Cream Cheese以隔水加热的方式转小火煮软后，加入酸奶拌匀备用（见图1）。

2.将蛋清、细砂糖一起打发至湿性发泡（见图2），倒入做法1的材料中拌匀（见图3）。

3.动物性鲜奶油打发后，加入做法2的材料中拌匀（见图4），即为奶酪面糊。

4.取派模并在模内涂抹上一层薄油后，先将甜派皮戳出数个细洞后，铺于派模的底层，放入烤箱内以上火180℃、下火180℃烤约15分钟至半熟（见图5）。

5.于甜派皮上倒入奶酪面糊约派模的8分满的高度（见图6）。

6.将适量的冷水倒入在烤盘后，把做法5的材料放在烤盘上面送入已预热的烤箱中，以上火160℃、下火180℃烤约35分钟即可。

准备篇
面包篇
土司篇
蛋糕篇
饼干篇
西式点心篇
中式点心篇

芒果奶酪慕斯 9寸1个

【材料】

Cream Cheese ······· 350克
芒果果泥················ 200克
吉利丁片·················· 5片
蛋黄·························· 3个
蛋清·························· 3个
细砂糖·····················100克
水··························· 少许
动物性鲜奶油·········· 300克
海绵蛋糕················· 适量
（做法见P.120）
小红莓····················· 适量

【做法】

1.芒果果泥加热至溶化；吉利丁片放入至少5倍量的冰水中浸泡至软，备用。

2.将Cream Cheese以隔水加热的方式转小火煮软后，加入芒果果泥拌匀，再加入吉利丁片拌匀。

3.将蛋黄、50克的细砂糖放入容器内一起打发至乳白色，再将做法2的材料冲入拌匀。

4.取50克的细砂糖加入少许的水煮至121℃，冲入蛋清后一起打成意大利蛋清霜，再加入做法3的材料拌匀。

5.动物性鲜奶油打发后，加入做法4的材料中一起拌匀，即为奶酪慕斯面糊。

6.将海绵蛋糕铺于慕斯圈模的底层，再将奶酪慕斯面糊倒入模内，放进冰箱冷冻至凝结，取出脱膜，用少许小红莓装饰即可。

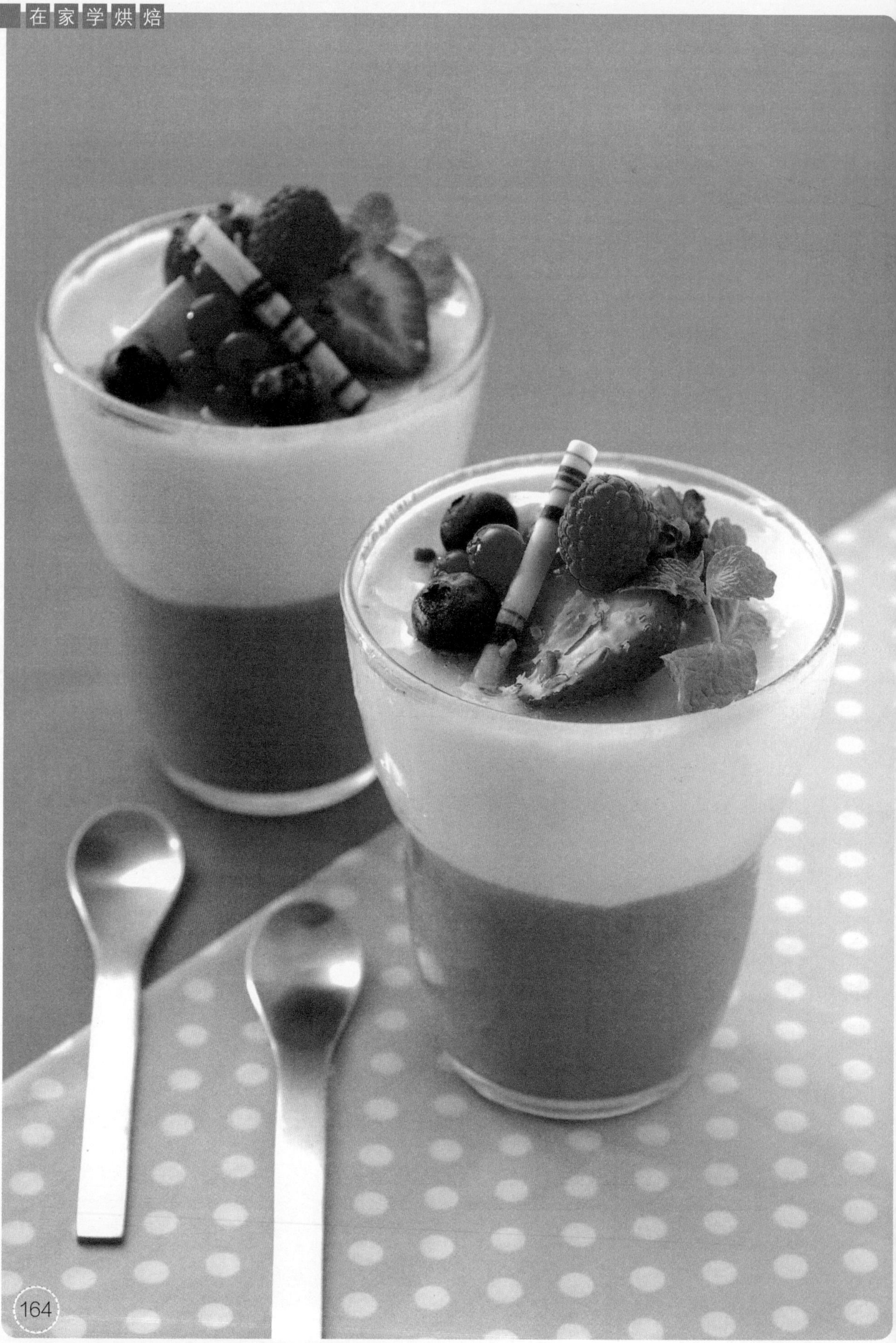

红莓巧克力慕斯 约8杯

【材料】

红莓巧克力慕斯面糊 ···· 适量
奶酪慕斯面糊 ············· 适量
海绵蛋糕 ················· 适量
（做法见P.120）

【装饰材料】

红莓 ················· 适量
小蓝莓 ················· 适量
薄荷叶 ················· 适量

【做法】

1.先将红莓巧克力慕斯面糊倒入玻璃杯内，约至4分满的高度（见图1）。

2.再将海绵蛋糕切薄片放入做法1的材料中，放进冰箱冷冻至凝结取出（见图2）。

3.在做法2的杯子内倒进奶酪慕斯面糊约8分满的高度后（见图3），放进冰箱冷冻至凝结，取出用水果及薄荷叶装饰即可。

红莓巧克力慕斯面糊

材料

覆盆子果泥 ············· 300克
细砂糖 ················· 120克
吉利丁 ················· 15克
苦甜巧克力 ············· 200克
动物性鲜奶油A ········ 180克
君度橙酒 ··············· 10毫升
动物性鲜奶油B ······ 600克

做法

1.吉利丁放入冰水中泡软；苦甜巧克力隔水加热至完全溶化，备用。

2.把覆盆子果泥、细砂糖放入容器内（见图4）一起煮至70℃时，加入泡软的吉利丁拌匀。

3.取动物性鲜奶油A煮沸，加入做法1的苦甜巧克力拌匀，再加入君度橙酒拌匀，放入做法2的材料中拌匀（见图5）。

4.取动物性鲜奶油B打发后，加入一起拌匀，即为红莓巧克力慕斯面糊。

奶酪慕斯面糊

材料

牛奶 ··················· 125毫升
细砂糖 ················· 150克
吉利丁片 ··············· 6片
Cream Cheese ···· 500克
柠檬汁 ················· 30毫升
动物性鲜奶油 ········ 600克

做法

1.吉利丁片放入冰水中泡软备用。

2.将牛奶、细砂糖放入容器内一起煮沸后，加入泡软的吉利丁拌匀。

3.Cream Cheese以隔水加热方式煮软后，将做法2的材料加入拌匀，再加入柠檬汁拌匀。

4.动物性鲜奶油打发后，加入一起拌匀，即为奶酪慕斯面糊（见图6）。

准备篇
面包篇
土司篇
蛋糕篇
饼干篇
西式点心篇
中式点心篇

瑞士奶酪慕斯 约4个

【材料】

Cream Cheese ⋯⋯⋯ 350克
糖粉 ⋯⋯⋯⋯⋯⋯⋯ 60克
蛋黄 ⋯⋯⋯⋯⋯⋯⋯⋯ 3个
牛奶 ⋯⋯⋯⋯⋯⋯⋯ 400毫升
吉利丁片 ⋯⋯⋯⋯⋯⋯ 7片
蛋清 ⋯⋯⋯⋯⋯⋯⋯⋯ 3个
细砂糖 ⋯⋯⋯⋯⋯⋯⋯ 50克
动物性鲜奶油 ⋯⋯⋯⋯ 330克
蜜饯水果 ⋯⋯⋯⋯⋯⋯ 50克
葡萄干 ⋯⋯⋯⋯⋯⋯⋯ 50克
君度橙酒 ⋯⋯⋯⋯⋯⋯ 40毫升
海绵蛋糕 ⋯⋯⋯⋯⋯⋯ 适量

【做法】

1. 吉利丁片放入至少5倍量的冰水中浸泡至软，备用。

2. 将Cream Cheese、糖粉一起以隔水加热的方式转小火煮软后，加入蛋黄、牛奶继续加热至70℃后离火，再加入泡软的吉利丁拌匀。

3. 将细砂糖加入少许的水煮至121℃，冲入蛋清后一起打成意大利蛋清霜，再加入做法2的材料中拌匀。

4. 动物性鲜奶油打发后，加入一起拌匀，再加入蜜饯水果、葡萄干、君度橙酒拌匀，即为奶酪慕斯面糊。

5. 将海绵蛋糕铺于慕斯圈的底层，再将奶酪慕斯面糊倒入模内，放进冰箱冷冻至凝结即可。

意式奶酪慕斯  约6杯

【材料】

丽可塔奶酪····500克
细砂糖·········150克
苦甜巧克力······80克
蜜饯水果·······180克
开心果··········70克
动物性鲜奶油·400克
海绵蛋糕·········适量

【做法】

1. 苦甜巧克力切碎；开心果切碎备用。
2. 将丽可塔奶酪、细砂糖放入容器内一起打软后，加入苦甜巧克力碎、蜜饯水果、开心果碎拌匀。
3. 动物性鲜奶油打发后，加入做法2的材料中拌匀，即为奶酪慕斯面糊。
4. 将海绵蛋糕铺于慕斯圈的底层，再将奶酪慕斯面糊倒入模内，放进冰箱冷冻至凝结即可。

低脂奶酪慕斯蛋糕 9寸1个

【材料】

Cream Cheese·······150克
吉利丁片·················· 5片
柠檬汁·················30毫升
君度橙酒·············30毫升
蛋清·······················4个
细砂糖·················120克
水······················少许
动物性鲜奶油·········400克
海绵蛋糕·················适量
（做法见P.120）

【做法】

1. 吉利丁片放入至少5倍量的冰水中浸泡至软备用（见图1）。

2. 将Cream Cheese以隔水加热的方式煮软后，加入吉利丁片，再加入柠檬汁、君度橙酒拌匀（见图2）。

3. 细砂糖与少许的水一起放入锅中煮至121℃时离火，冲入蛋清一起打成意大利蛋清霜，再加入做法2的材料拌匀。

4. 动物性鲜奶油打发后，加入做法3的材料中一起拌匀，即为奶酪慕斯面糊（见图3）。

5. 将海绵蛋糕铺于慕斯圈模的底层，再将奶酪慕斯面糊倒入模内，以抹刀整形，放进冰箱冷冻至凝结，取出脱模，用些许自己喜爱的水果装饰即可（见图4~6）。

香草奶酪布丁蛋糕 约5杯

【材料】

A. Cream Cheese·· 200克
   无盐奶油 ·············· 150克
   牛奶 ·················· 210毫升
   蛋黄 ···················· 2个
   细砂糖 ·················· 40克
   香草精 ···················· 5克
   玉米粉 ·················· 30克
   低筋面粉 ················ 20克
B. 蛋清 ···················· 4个
   细砂糖 ·················· 85克
   柠檬汁 ···················· 5毫升

【做法】

1. 将Cream Cheese、无盐奶油、牛奶放入容器内，一起以隔水加热的方式转小火煮软备用。
2. 将蛋黄、细砂糖、香草精放入容器内拌匀，再加入过筛的低筋面粉、玉米粉拌匀后，倒入做法1的材料中搅拌均匀。
3. 将材料B的蛋清、细砂糖、柠檬汁一起打发至湿性发泡，倒进做法2的材料中拌匀，即为奶酪面糊。
4. 取出烤杯模，并在杯内涂抹一层薄油后，倒入奶酪面糊至8分满的高度。
5. 倒入适量冷水在烤盘中，将做法4的烤杯放在烤盘上面后，送入已预热的烤箱中，以上火160℃、下火160℃烤20~25分钟即可。

准备篇
面包篇
土司篇
蛋糕篇
饼干篇
西式点心篇
中式点心篇

香蕉奶酪慕斯 约4个

【材料】

Cream Cheese ·········125克
糖粉·····················60克
香蕉·····················500克
柠檬汁 ·················50毫升
吉利丁 ···················9片
朗姆酒 ·················20毫升
动物性鲜奶油···········500克
海绵蛋糕······················ 适量
（做法见P.120）

【做法】

1. 吉利丁放入至少5倍量的冰水中浸泡至软，备用。
2. 将Cream Cheese、糖粉放入容器内，一起以隔水加热方式煮软备用。
3. 香蕉、柠檬汁一起打成泥状后再和做法2的材料拌匀。
4. 在做法3的材料中加入泡软的吉利丁拌匀后，再加入朗姆酒拌匀。
5. 把动物性鲜奶油打发后，倒入做法4的材料中拌匀，即为奶酪慕斯面糊。
6. 将海绵蛋糕铺于三角形烤模的底层，再将奶酪慕斯面糊倒入模内，放进冰箱中冷冻至凝结，脱模之后装饰即可。

黑色之恋慕斯 约7个

【材料】

动物性鲜奶油A ·········222克
蛋黄······················67克
巧克力··················222克
动物性鲜奶油B ······ 444克
巧克力酒··············44毫升

【做法】

1. 取动物性鲜奶油A放入锅内，以小火煮到约80℃。
2. 再加入切碎的巧克力一起拌匀后，再加入蛋黄拌匀。
3. 再加入搅打至6分发的动物性鲜奶油B拌匀。
4. 最后放入巧克力酒拌匀，倒入模型容器内放入冰箱中冷冻即可。

红罂粒慕斯 约4杯

【材料】

红罂粒果泥 ··········· 267克
细砂糖 ···················133克
吉利丁片 ··················14克
白兰地酒 ···············25毫升
动物性鲜奶油 ·········· 360克
装饰用的红罂粒泥·······30克

【做法】

1. 将红罂粒果泥、细砂糖放入锅内煮到溶化至85℃后熄火。
2. 加入泡软的吉利丁片至溶化后，再加入白兰地酒拌匀。
3. 使其隔冰块水并轻拌至呈现出浓稠状后，再加入搅打至6分发的动物性鲜奶油，再倒入容器中，最后放入冰箱中冷冻。
4. 食用前再注入装饰用的红罂粒果泥即可。

新手看这里

装饰用的红罂粒果泥以拌打器打成细泡沫状，食用前注入杯内即可。

意式经典提拉米苏 30厘米×40厘米1盘

【材料】

A.指形蛋糕 ························（做法、分量请见P.174）
B.乳酪慕斯 ························（做法、分量请见P.174）
C.咖啡酒糖液 ······················（做法、分量请见P.173）
D.无甜可可粉··适量

【做法】

1.将材料D的无甜可可粉用筛网过筛，备用（见图1）。

2.把材料A的指形蛋糕取1/2的量，一个个放入材料C的咖啡酒糖液中，均匀地沾裹表面后，依顺序排放在容器底部（见图2~3）。

3.把材料B的乳酪慕斯取1/2的量均匀地倒入做法2的材料中，并用抹刀将表面整平，再取剩下的指形蛋糕重覆做法2的动作后，依序排放在整平的乳酪慕斯上，最后倒入剩下的乳酪慕斯（图4），并用抹刀轻轻地抹平表面。

4.将做法3的提拉米苏放入冷冻室中冷冻约1小时，取出，于表面均匀撒上过筛好的无甜可可粉即可（见图5~6）。

备注 无甜可可粉要选用防潮的粉，这样提拉米苏的上层才能与乳酪慕斯馅的口感干湿分明。

咖啡酒糖液

材料

热水······················ 80克
细砂糖······················ 50克
Expresso Coffee··300毫升
Marsala白兰地········70毫升

做法

将所有材料一起搅拌均匀即可。

准备篇
面包篇
土司篇
蛋糕篇
饼干篇
西式点心篇
中式点心篇

指形蛋糕

材料
A.低筋面粉260克、糖粉适量
B.蛋黄130克、细砂糖70克
C.蛋清200克、塔塔粉1克、细砂糖130克

做法

1. 所有粉类皆先过筛备用。
2. 将材料B的蛋黄与细砂糖以打蛋器搅打至色泽变浅黄色，且体积变大备用（见图1）。
3. 将材料C的蛋清加入塔塔粉搅拌至蛋清起泡泡（见图2）。
4. 在做法3的材料中先加入材料C的65克细砂糖，继续搅拌至泡泡更细致，再加入剩下的65克细砂糖，持续搅拌至泡泡感觉较硬，拿起搅拌器时泡泡略呈勾状即可。
5. 将做法2的材料与做法4的材料混合，再加入筛好的低筋面粉搅拌至无干粉状态（见图3~5）。
6. 装入挤花袋中，在烤盘上挤出约长5厘米、宽1厘米的长条状蛋糊（见图6）。
7. 撒上薄薄的糖粉后（见图7），放入预热好的烤箱，以上火190℃、下火150℃，烤约10分钟即完成。

乳酪慕斯

材料
可食用冰块适量、吉利丁片15克、无糖动物性鲜奶油500克、Marscarpone Cheese500克、蛋黄51克、细砂糖57克、开水51毫升

做法

1. 取一钢盆，放入可食用冰块，加入一些冷开水令冰块稍融，再将吉利丁片放入冰水盆中浸泡，至吉利丁片全部变软即可捞出备用。
2. 把无糖的动物性鲜奶油搅拌至微发备用。
3. 将泡软的吉利丁片用隔水加热的方式至溶化呈液状，加入做法2的材料中再以抹刀拌匀。
4. 在拌匀的做法3的材料中加入Marscarpone Cheese，并用抹刀拌匀备用。
5. 在蛋黄中加入细砂糖，搅拌至略变成白色后，慢慢冲入开水，并且一边冲开水一边搅拌至浓稠。
6. 将处理好的做法5的材料加入做法4的材料中，再用抹刀拌匀即完成。

准备篇

面包篇

土司篇

蛋糕篇

饼干篇

西式点心篇

中式点心篇

台式经典提拉米苏 8寸1个

【材料】

A.巧克力海绵蛋糕…………………（做法、分量请见P.177）
B.乳酪慕斯馅……………………（做法、分量请见P.174）
C.咖啡酒糖液 ……………… 适量（做法、分量请见P.173）
D.无糖可可粉……………………………………………适量

【做法】

1.将材料C依照P.173咖啡酒糖液的做法完成，备用（见图1）。
2.将材料D的无甜可可粉用筛网过筛后备用。
3.将材料B依照P.174乳酪慕斯内馅的做法完成，备用。
4.利用8寸圆形蛋糕模，把材料A做好的巧克力海绵蛋糕切成圆形蛋糕体2个，在蛋糕模中放入第1片圆形巧克力蛋糕，在表面均匀刷上做法1的咖啡酒糖液（见图2）。
5.在巧克力蛋糕上倒入做法3约1/2量的乳酪慕斯馅，再用抹刀均匀抹平后，放上第2片巧克力蛋糕，并在表面刷上咖啡酒糖液，再倒入剩余的乳酪慕斯馅并抹平表面，最后放入冷冻室中冷冻约1小时（见图3~5）。
6.当冷冻好的慕斯取出后，需利用瓦斯火枪脱模器将圆形蛋糕模脱模。
7.最后在做法6的成品表面均匀地撒上筛好的无糖可可粉即完成。

巧克力海绵蛋糕

材料

A.可可粉85克、低筋面粉427克、小苏打粉4克、色拉油128毫升
B.鸡蛋812克、蛋黄128克、细砂糖641克、保湿糖浆（SE-30）85毫升
C.奶水85毫升

做法

1.将可可粉、低筋面粉、小苏打粉分别用筛网过筛后备用。
2.把色拉油加热至约85℃后熄火，与筛好的可可粉拌匀备用。
3.将所有材料B一起放入搅拌锅中，搅拌至变成浓稠状、颜色变成白色，此时体积会比原材料涨大约3倍大，纹路会很清楚。
4.将过筛好的低筋面粉与小苏打粉一起加入做法3中，以电动搅拌机先以慢速搅拌约3秒，再以中速搅20秒即可停止。
5.以抹刀检查搅拌好的做法4的材料中是否还有没搅拌均匀的干粉在蛋糊内，若有即以抹刀略拌至无干粉状即可。
6.取搅拌好的蛋糊约1/5的分量，与做法2的材料一起搅拌均匀后，再倒回做法5的原锅中。
7.将奶水加入做法6的材料中搅拌均匀。
8.将做法7处理好的巧克力蛋糊倒入烤盘中，放入预热好的烤箱，以上火190℃、下火150℃烤约15分钟即完成。

蛋糕装饰

蛋糕装饰首重灵巧的双手运用外，个人创意发挥更是一大关键，种种因素让蛋糕装饰的乐趣在无形中不断加倍累积。想要动手装饰属于自己的第一个蛋糕吗？别犹豫，快快准备好手边的器具、材料，跨出蛋糕装饰的第一步。

奶酪蛋糕的**漂亮切法**

乳酪蛋糕出炉放凉后放入冰箱中冷藏或冷冻皆可，待冰凉后取出分切，将刀刃烧热后再切，可使切口完整漂亮。若刀子未热过就切，Cheese Cake会沾粘在刀刃上，切口便不美观，每切一刀就要用布将刀刃拭净，切口就会很平整；切蛋糕时若呈现冒烟现象，就是刀烧得过热，会使切面干掉不好吃，影响风味与口感。

这是最常用的切法了，而且能切得最平均，每一块都能相同大小唷！塑料制的分割器，有10分割与12分割两种选择，将分割器中心点对准蛋糕圆心，轻轻向下压出压痕，再用刀子分切蛋糕，就可切出大小相同的三角形蛋糕了。

简易蛋糕装饰法**轻松上手**

1. 撒糖粉装饰法

示范蛋糕—— 香草奶酪布丁蛋糕

步骤：

（1）利用小筛网将糖粉过筛在草莓上面。

（2）再把糖粉过筛在制作完成的奶酪蛋糕的表面上。

（3）将草莓放在奶酪蛋糕上面即可。

2. 水果装饰法

示范蛋糕—— 芒果奶酪慕斯蛋糕

步骤：

（1）用刷子沾取些许巧克力，并轻轻地刷在奶酪蛋糕的表面上。

（2）利用抹刀将果胶均匀地涂抹在奶酪蛋糕上。

（3）放入红醋栗、小块柠檬和巧克力丝于做法2的材料上即可。

3. 巧克力划花纹装饰法

示范蛋糕—— 大理石奶酪蛋糕

步骤：

（1）将巧克力隔水加热至溶化后和鲜奶油拌成巧克力液。

（2）倒入少许的巧克力液于奶酪蛋糕上面。

（3）利用牙签将巧克力液随兴划出线条纹路即可。

基本**挤花工具**和基本**花边介绍**

基本挤花工具 挤花袋的类型

　　挤花袋是非常好用的工具，只要套上不同的花嘴，再将适量鲜奶油或面糊装入袋中，就可以挤出各式各样的图形了。挤花袋的类型也可大致分为塑料布材质、纸制材质等挤花袋，因此可各依不同的需求来选用适合的挤花袋。

■ 塑料布材质的挤花袋

　　具有可重复清洗使用的特性，在尺寸大小的选择上也很多元化。唯一要注意的就是在清洗的时候，最好是使用温水清洗，因为过热的水温会容易破坏到挤花袋本身的材质，而且粘接处也较易裂开而导致无法再使用。

■ 纸制材质的挤花袋

　　具有用完即可丢弃的特性，这种挤花袋可以利用白报纸或不会渗油的腊光纸自行制作，通常较适合运用在挤少量的花饰或细线条的时候。

自己动手做挤花袋

Step1先裁剪出一个等腰三角形的纸形后，尖端朝内再拿起其中一角向内卷出圆椎状。

Step2另一角则向着步骤1的圆椎状重覆卷叠，做成冰淇淋甜筒的形状。

Step3在两角重迭处的接合处整理整齐。

Step4在尖端处向内折叠以固定纸形。

准备篇
面包篇
土司篇
蛋糕篇
饼干篇
西式点心篇
中式点心篇

花嘴转换器的使用

在使用挤花嘴制作花边装饰时，建议能再搭配着花嘴转换器一同使用，因为这样就能任意且随时地更换花嘴，让你在制作蛋糕装饰的过程中更能灵活运用。

Step1 将花嘴转换器放入挤花袋中，并在螺纹上方的凸出处用笔在挤花袋上作上记号。

Step2 将挤花袋中的花嘴转换器取出后，用剪刀在步骤1的记号处裁剪出一个洞口。

Step3 套入花嘴转换器于挤花袋中。

Step4 将要使用的挤花嘴套在白色的花嘴转换器上。

Step5 再将花嘴转换器的螺帽套入并栓紧即可。

基本花边介绍 挤花嘴的运用

想要做出不同且多样性的装饰图案，就必需使用到不同的挤花嘴。借由各种种类和大小不同的挤花嘴，就可以随心所欲地创造出许许多多令人惊奇的装饰蛋糕了。

■ 圆形花嘴 Round Tips
■ 星星花嘴 Star Tips
■ 叶片花嘴 Leaf Tips

■ 篮子花嘴 Basket Weave Tips
■ 贝壳花嘴 Shell Tips
■ 花形花嘴 Drop Flower Tips

蛋糕装饰的**基本抹面功夫**

看似简单的抹面功夫，其实是更需要不断反复练习的基本技法。蛋糕上的鲜奶油若是涂抹得不够均匀、不够平滑，或者是鲜奶油的厚度不一致，这些都是会导致蛋糕装饰的失败或者影响蛋糕整体口感的主要原因。所以可不要轻视了这个重要的基本抹面功夫。

抹面功夫为什么不能一次就OK呢？

这是因为在做抹面的时候，第一次只要先涂抹上一层薄薄的鲜奶油，这是为了将蛋糕体上的蛋糕屑先行吸附住，紧接着再涂抹上第二层鲜奶油的时候，就不会把蛋糕屑曝露在外头，而比较能呈现出光滑细致的表面。

Step1 先将烤好的蛋糕放置在凉架上等待冷却。

Step2 倒扣脱膜取出蛋糕体。

Step3 用抹刀挖取适量已打发的鲜奶油于蛋糕体表面上层。

Step4 再于蛋糕体周围，先涂抹上一层薄薄的打发鲜奶油。

Step5 接着再涂抹上第二层的鲜奶油。

Step6 使用抹刀将鲜奶油平均抹平，并且注意不要留下抹的痕迹，让蛋糕呈现出光滑细致的状态即为完成。

装饰图案的设计

蛋糕装饰除了可以利用挤花嘴的不同，而变化出各式各样的基本花边之外，也可以利用一些小工具或者自行设计图案后再加以描绘形状。这些都是可以让蛋糕装饰呈现出与众不同的风貌而有加分效果的手法。

准 备 篇

面 包 篇

土 司 篇

蛋 糕 篇

饼 干 篇

西 式 点 心 篇

中 式 点 心 篇

使用工具

最常见的使用工具是挤花嘴的运用，但是若想要让蛋糕呈现出线条的装饰效果，则可以利用三角齿刮板，或者也可以利用叉子轻轻刮出不平衡的线条效果。

自己制作图案模型板

自己动手制作想要的图案模型板，既符合所需又节省花费。因此只要事先在纸上裁剪出纸型图案后，再将纸型图案放置在涂抹好的鲜奶油蛋糕体上，然后使用牙签轻轻依照纸型画出记号，后续就可以使用挤花袋再搭配不同的挤花嘴做出各种独一无二的漂亮图案了。

糖花的制作

基础蛋清糖霜

材料　蛋清30克、糖粉250克

图案模型

利用市售的图案模型也可以快速做出不同效果的装饰。例如：字体模型就可以先在涂抹好的鲜奶油蛋糕体上压出痕迹后，再选用适合的挤花嘴依照压痕描绘出字体，就可以呈现出漂亮的字体形状了。

1 先将蛋清略为搅打。

2 加入过筛后的糖粉一起打发，即为基础蛋清糖霜。

3 若想要有不同颜色的蛋清霜，可加入少许的食用色素作为调色。

4 将蛋清糖霜装入挤花袋中，再套上不同的挤花嘴，即可变化出不同的糖花了。

黑森林蛋糕 9寸1个

【材料】

威风蛋糕·····················1个
　（做法见P.110）
市售罐装黑樱桃·······适量
白色打发鲜奶油······500克
巧克力米················适量
巧克力晶片··············适量
红樱桃····················8个
糖粉······················少许

【做法】

1.将蛋糕体横剖切成3片，取其中1片蛋糕体，涂抹上一层白色打发鲜奶油，再铺上沥干水分的黑樱桃后，再叠上另1片蛋糕体，重复上述的做法至3片蛋糕体都用完。

2.取白色打发鲜奶油均匀涂抹在蛋糕体上，再用一只手托住蛋糕底部，另一只手抓取适量的巧克力米，慢慢沾粘在蛋糕体侧面处直到绕完一圈。

3.取白色打发鲜奶油装入挤花袋中，使用贝壳花嘴在蛋糕底部周围边挤出一圈的贝壳花饰。

4.在蛋糕表层处撒上巧克力晶片，再摆放上红樱桃作为点缀，最后撒上少许糖粉即可。

玫瑰花蛋糕 8寸1个

【材料】

戚风蛋糕·······················1个
（做法见P.110）
黄色打发鲜奶油······300克
紫色打发鲜奶油·········少许
绿色打发鲜奶油·········少许
粉红色打发鲜奶油······少许
三角形锯齿刮板·········1个

【做法】

1. 取黄色打发鲜奶油均匀涂抹在蛋糕体后，再用三角形锯齿刮板沿着蛋糕体周围刮出线条纹路（见图1）。

2. 取紫色打发鲜奶油装入挤花袋中，并使用玫瑰花嘴在花丁上挤出1朵紫色玫瑰花后，再使用小剪刀将玫瑰花取下放在蛋糕体上，反复玫瑰花的做法做出3朵来摆放（见图2）。

3. 取绿色打发鲜奶油装入挤花袋中，并使用圆形花嘴在玫瑰花的下方挤出绿色的线条作为玫瑰花梗（见图3）。

4. 取粉红色打发鲜奶油装入挤花袋中，并使用玫瑰花嘴挤出粉红色蝴蝶结的形状（见图4）。

5. 再取绿色打发鲜奶油并使用叶片花嘴，在玫瑰花的周围挤出数片的叶子形状（见图5）。

6. 取黄色打发鲜奶油并使用贝壳花嘴，沿着蛋糕的底部周围挤出一圈的贝壳花饰即可（见图6）。

花篮蛋糕 8寸1个

【材料】

威风蛋糕......................1个
（做法见P.110）
白色打发鲜奶油........300克
绿色打发鲜奶油.........少许
各色糖花.....................适量

【做法】

1. 在威风蛋糕体上均匀涂抹上白色打发鲜奶油后，再用抹刀将蛋糕体周围均分为20等份。

2. 使用篮子花嘴依照做法1的距离编画出篮子形状，在蛋糕体的表面上用弯板做出等距离的记号，再使用篮子花嘴依照记号编画出篮子形状（见图1~2）。

3. 在蛋糕底部使用贝壳花嘴挤出贝壳花饰。使用贝壳花嘴沿着蛋糕表面边缘挤出一圈的绳索形状（见图3~4）。

4. 在蛋糕表面1/2处，使用贝壳花嘴挤出曲折形状后，并在欲放置糖花的位置处，挤出少许的鲜奶油作为固定糖花的沾粘剂（见图5）。

5. 在做法4的记号处放上漂亮的糖花，重复做法4和做法5的动作依序摆放出数朵糖花（见图6）。

6. 取绿色打发鲜奶油装入挤花袋中，并使用叶片花嘴挤出叶子形状；在蛋糕的周围处，同样地放上数朵糖花并使用叶片花嘴挤出叶片形状作为装饰（见图7）。

准备篇

面包篇

土司篇

蛋糕篇

饼干篇

西式点心篇

中式点心篇

小鹿蛋糕 8寸1个

【材料】

戚风蛋糕⋯⋯⋯⋯⋯1个
（做法见P.110）
白色打发鲜奶油⋯200克
黄色打发鲜奶油⋯⋯少许
绿色打发鲜奶油⋯⋯少许
粉红色打发鲜奶油⋯少许
巧克力酱⋯⋯⋯⋯⋯少许
各色糖花⋯⋯⋯⋯⋯数个
彩糖⋯⋯⋯⋯⋯⋯⋯少许
牙签⋯⋯⋯⋯⋯⋯⋯1支
小鹿纸模型板⋯⋯⋯1份

【做法】

1. 取白色打发鲜奶油，用抹刀均匀涂抹在戚风蛋糕体上，再将小鹿纸模型板放在蛋糕体上，使用牙签沿着模型板轻划出小鹿的轮廓后，再取下纸模型板。

2. 将巧克力酱装入挤花袋中，使用圆形花嘴沿着轮廓挤出线条后，并在眼睛、鼻子处挤满巧克力酱。

3. 取黄色打发鲜奶油装入挤花袋中，使用星星花嘴挤出星形花饰，将小鹿的身体填满。

4. 在小鹿的下方摆置数朵的糖花后，取少许绿色打发鲜奶油装入挤花袋中，并使用叶片花嘴在糖花附近挤出叶子形状。

5. 取粉红色打发鲜奶油装入挤花袋中，并使用星星花嘴在蛋糕体的表面周围上挤出一圈的星形花饰。

6. 再转换贝壳花嘴沿着蛋糕体的底部周围，挤出一圈的贝壳花饰后，撒上彩糖作为点缀即可。

饼|干|篇

软式饼干

软式小西饼因水分含量也较多，通常做成面糊状装入挤花袋，或用挤饼器挤出各种图案，如果太稀软的面糊还可用汤匙直接舀至烤盘上，则烘烤出来的口感较软。当然想变换口味的话，可在面糊中加入葡萄干、坚果类增添风味。

甜心小饼干

〔材料〕

鸡蛋	240克
蛋黄	40克
细砂糖	200克
盐	4克
低筋面粉	240克
草莓酱香料	5克
糖粉	适量

〔做法〕

1. 将鸡蛋、蛋黄一起打散成蛋液后，再放入细砂糖、盐打至乳沫状。

2. 继续加入过筛的低筋面粉、草莓酱香料搅拌均匀，即为面糊。

3. 烤盘铺上白报纸后，将面糊装入挤花袋中，并使用圆孔平口花嘴，再把面糊挤成心形放置在烤盘上，并撒上糖粉，放入烤箱中以上火210℃、下火140℃烤8~10分钟即可。

帕比柠檬饼干

【材料】

奶油·············250克
细砂糖···········80克
鸡蛋·············120克
低筋面粉·········250克
柠檬粉···········10克
泡打粉···········1小匙
市售柠檬酱·······150克

【做法】

1. 将软化的奶油、细砂糖一起放入容器内，用打蛋器打至乳白状。
2. 鸡蛋打散成蛋液后，分2~3次慢慢加入拌匀。
3. 继续加入过筛的低筋面粉、柠檬粉、泡打粉搅拌均匀，即为面糊。
4. 将面糊装入挤花袋中，挤在5厘米平口的小塔杯中后，再于面糊中间处放入柠檬酱，以上火180℃、下火150℃烤约25分钟。

蜜栗饼干

【材料】

奶油·············120克
糖粉·············70克
盐···············1克
鸡蛋·············20克
高筋面粉·········100克
低筋面粉·········100克
泡打粉···········1克
奶粉·············8克
水···············30毫升

【内馅材料】

蜜栗子···········适量
蜂蜜·············适量

【装饰材料】

打发的鲜奶油·····适量

【做法】

1. 所有材料放入干净无水的搅拌缸中，以桨状搅拌器搅打至微发状。
2. 将做法1的材料分割为25克的小面团，整形为圆饼状，放入烤盘中。
3. 将蜜栗子和蜂蜜混合均匀，放在每个做法2的饼干上，移入预热好的烤箱中，以上火200℃、下火180℃烘烤约15分钟。
4. 取出后待冷却，放入盘中，挤上打发的鲜奶油装饰即可。

罗利蓝莓烧

【材料】

奶油	250克
细砂糖	150克
蛋黄	55克
高筋面粉	200克
低筋面粉	200克
蓝莓酱	适量
樱桃酱	适量

【做法】

1. 将软化的奶油、细砂糖一起放入容器内，用打蛋器打至松发。
2. 蛋黄打散成蛋液后，分2~3次慢慢加入拌匀。
3. 继续加入过筛的高筋面粉、低筋面粉搅拌均匀，即为面团。
4. 将面团分切成每份约30克的小面团，再放入圆形模型中，用手将面团挤压呈小塔皮状后，在塔皮中间处填入蓝莓酱或樱桃酱。
5. 将做法4的材料放入烤盘中，以上火180℃、下火150℃烤约20分钟。

脆硬饼干

脆硬性饼干的面团，奶油和砂糖的使用量是差不多的，因此会呈现出水分较少、面团较干的特性，烤好后的饼干口感也会清脆爽口。

杏仁脆饼

【材料】

奶油·······················150克
细砂糖·····················120克
鸡蛋························1个
低筋面粉···················300克
杏仁粒······················80克

【做法】

1. 奶油软化，加细砂糖打至松发变白。
2. 鸡蛋打散成蛋液后，加入做法1的材料中拌匀，再将低筋面粉筛入搅拌均匀。
3. 杏仁粒泡水再沥干后加入拌匀，整个面团整形呈长条状，再用保鲜膜包好，放入冰箱冷冻约1小时至冻硬，取出切片，约可切成30份。
4. 烤盘铺入烤盘纸，将做法3的材料排入烤盘中，再放进烤箱上层，以上火、下火各180℃烤约20分钟即可。

文字饼干

【材料】

无盐奶油	120克
糖粉	100克
鸡蛋	50克
低筋面粉	200克
高筋面粉	50克

【做法】

1. 无盐奶油软化，加入过筛后的糖粉打至松发变白。
2. 鸡蛋打散成蛋液后，分2~3次加入搅拌均匀。
3. 高筋面粉和低筋面粉过筛后，加入搅拌均匀，即为脆硬性面团。
4. 将做法3的面团装入塑料袋中，用擀面棍擀平后，再放入冰箱中略微冰硬后即可。
5. 把饼干压模放置在做法4的擀平面团上，略施力气向下压出形状后，整齐放入烤盘上，再放置于烤箱上层，并以180℃约烤20分钟即可。

卡片饼干

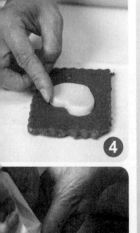

【材料】

细砂糖 ·····················100克
奶油 ······················· 90克
鸡蛋 ·························1个
低筋面粉 ···············160克
高筋面粉 ················ 40克
可可粉 ·····················1大匙
牛奶巧克力 ············ 50克

【做法】

1. 奶油软化后,与细砂糖一起打至松发变白。
2. 鸡蛋打散成蛋液,分2~3次倒入拌匀,再筛入低筋面粉、高筋面粉搅拌均匀,即为面团。
3. 取1/2做法2的面团与可可粉拌匀后,放入塑料袋中,先以手压平,再用擀面棍擀成约0.5厘米厚的片状,以心形模型压出数个心形(见图1~3)。
4. 其余面团放入塑料袋中,先用以手压平后,再用擀面棍擀成约0.5厘米厚的片状。
5. 用波浪形轮刀在做法4的面团上切割出7厘米×9厘米的长方形后,再以心形模型压出心形,心形面团取出备用;此心形空洞置入做法3的心形可可面团,再用吸管在长方形面团上方钻一小孔,以便烘烤后可绑缎带装饰用(两色面团可交换使用)(见图4)。
6. 烤盘铺上烤盘纸,将做法5的材料排入烤盘中,放进烤箱上层,以180℃烤约20分钟,取出待凉。
7. 将牛奶巧克力以隔水加热的方式热至溶化,再装入小挤花袋中,在饼干上挤出自己喜欢的字形即可(见图5)。

棋格脆饼

【材料】

无盐奶油·················180克
糖粉····················130克
鸡蛋··················· 2个
低筋面粉···············350克
可可粉················· 20克

【做法】

1. 无盐奶油软化后，加入过筛的糖粉一起打至松发变白（见图1）。
2. 取1个鸡蛋打散成蛋液，分2~3次加入做法1的材料中搅拌均匀，再加入过筛的低筋面粉拌匀，即为原味面团。
3. 将原味面团均分为2份面团，取其中1份面团加入可可粉揉匀成巧克力面团。
4. 将做法3的原味面团和巧克力面团分别用擀面棍擀成长条形，并用保鲜膜包裹起来，放入冰箱中冷藏至变硬后取出（见图2~3）。
5. 取另1个全蛋打散成蛋液，在原味面团上和巧克力面团上刷上蛋液后上下叠在一起，从中间对切后再刷1次蛋液（见图4~6）。
6. 将对切后的原味面团和巧克力面团相互交错叠成棋格状，并用保鲜膜包裹，放入冰箱中冷藏至再次变硬。
7. 将冰硬的面团取出，撕除保鲜膜后切成约0.5厘米厚的长片状，铺在烤盘上，放入烤箱上层以180℃约烤20分钟即可。

抹茶双色饼干

【材料】

无盐奶油……………………140克
糖粉…………………………100克
鸡蛋……………………………1个
低筋面粉……………………270克
抹茶粉…………………………5克

【做法】

1. 无盐奶油软化后，加入过筛的糖粉一起打至松发变白。
2. 鸡蛋打散成蛋液，分2~3次加入搅拌均匀，再加入过筛的低筋面粉搅拌拌匀后，即为原味面团。
3. 将做法2的原味面团均分成2份，其中1份原味面团加入抹茶粉揉匀成为抹茶面团（见图1）。
4. 将原味面团和抹茶面团分别放入塑料袋中，用擀面棍擀成大小相等的2份面皮后，放入冰箱中冷藏至稍微变硬（见图2~3）。
5. 取出做法4的面皮，将2份面皮相叠在一起卷成圆柱状，再用保鲜膜包裹，放入冰箱中冷藏至变硬（见图4~5）。
6. 将冰硬的面团取出撕下保鲜膜，切成约0.5厘米厚度的圆片状，铺在烤盘上，放入烤箱上层，以180℃约烤20分钟即完成（见图6）。

准备篇
面包篇
土司篇
蛋糕篇
饼干篇
西式点心篇
中式点心篇

酥硬饼干

酥硬性饼干只要一次将面团多做点，放进冰箱中冷冻起来，要吃多少再取出多少来切片，或用压模印出花样后烘焙，简直就是为偷懒又要享受自己动手DIY乐趣的人量身打造的饼干。

巧克力云

【材料】

蛋清	120克
细砂糖	100克
盐	5克
低筋面粉	50克
糖粉	100克
杏仁粉	100克
可可粉	10克
巧克力豆	105粒
杏仁片	175片

【做法】

1. 蛋清打发后，再将细砂糖、盐混合，分2~3次加入一起打发至干性发泡。
2. 将过筛的低筋面粉、糖粉、杏仁粉、可可粉放入容器内，一起搅拌均匀后，倒入做法1的材料中拌匀。
3. 烤盘铺上烤盘纸后，将面糊装入挤花袋中，并在烤盘中挤出每份约12克的圆形面糊。
4. 在每份圆形面糊上面放入3粒巧克力豆和4~5片的杏仁片后，以上火120℃、下火120℃烤约30分钟即可。

小岩烧

准备篇

面包篇

土司篇

蛋糕篇

饼干篇

西式点心篇

中式点心篇

【材料】

奶油	75克
糖粉	75克
鸡蛋	1个
低筋面粉	150克
可可粉	12克
肉桂粉	1小匙
小苏打粉	1小匙
核桃	100克
巧克力	50克

【做法】

1. 将软化的奶油、过筛的糖粉一起放入容器内，用打蛋器打至松发。
2. 鸡蛋打散成蛋液后，分2~3次慢慢加入拌匀。
3. 继续加入过筛的低筋面粉、可可粉、肉桂粉、小苏打粉于做法2的材料中，使用刮刀搅拌均匀，即为面团。
4. 把面团分切成每份约15克的小面团后，将小面团搓成圆球状并沾取适量的核桃，再以大拇指在中间处压出一个凹陷后，放入烤盘中，以上火180℃、下火120℃烤18分钟。
5. 巧克力隔水加热至溶化后装入挤花袋中，再将巧克力液挤在饼干中间处，待冷却凝结即可。

卡布其诺卡片饼干

【材料】

奶油·····················80克
糖粉·····················100克
蛋清·····················140克
杏仁粉····················180克
低筋面粉··················350克
可可粉····················6克
咖啡酱香料················5克
蛋液·····················适量

【做法】

1. 将软化的奶油、过筛的糖粉一起放入容器内，用打蛋器打至松发。
2. 蛋清打散后，分2~3次慢慢加入拌匀。
3. 继续加入过筛的低筋面粉、杏仁粉于做法2的材料中搅拌均匀，即为原味面团。
4. 将原味面团分切成2份，取其中1份加入可可粉、咖啡酱香料，拌匀成咖啡色的面团。
5. 再将2种口味的面团用擀面棍擀成约0.5厘米厚度的薄片状面皮，再依序压入自己喜欢的模型容器内相叠一起，表面再抹上蛋液后排入烤盘中，以上火160℃、下火120℃烤约20分钟即可。

巧克力圈圈饼

【材料】

糖粉	130克
奶油	135克
鸡蛋	1个
低筋面粉	320克
可可粉	30克
鲜奶	3大匙
白巧克力	100克
奶油	30克

备注 做法3中鲜奶的功用是粘接2块饼干，也可以用巧克力酱代替。

【做法】

1. 奶油软化；糖粉过筛后，与奶油打至松发变白。

2. 鸡蛋打散成蛋液后，分2~3次加入拌匀，筛入低筋面粉和可可粉拌匀，再倒入鲜奶搅拌均匀即为面团。

3. 将做法2的面团用擀面棍擀成约0.3厘米厚，用保鲜膜包好，放入冰箱中冷藏约30分钟后取出；先用大圆形压模压出2块饼干，再取其中1块以小圆形压模压除中间的圆形部分，边缘用刷子抹上鲜奶（分量外），最后将2块饼干重叠在一起（见图1~4）。

4. 将白巧克力隔水加热至完全溶化时，与奶油拌匀，装入挤花袋，挤在做法3饼干面团的中心处。（重复做法3与做法4，约可做出15片圈圈饼。）

5. 将做法4的饼干面团排入已铺烤盘纸的烤盘，放入烤箱上层，以180℃烤约20分钟即可（见图5）。

酥松性饼干

酥松性饼干大部分奶油的含量比糖分多，而糖分的含量又比水分多，具有酥松的口感，香浓的奶油味道，是喜饼礼盒中的主要角色。虽然它是属于松软的面糊，但是如果能好好利用各种花嘴挤成各式各样的形状，更能增添喜饼饼干的活泼性喔！

澳门奶酥饼

[材料]

奶油	250克
糖粉	150克
奶粉	20克
鸡蛋	1个
中筋面粉	480克
小苏打粉	1小匙
南瓜子	40克
坚果	40克

[做法]

1. 将软化的奶油、过筛的糖粉一起放入容器内，用打蛋器打至松发。

2. 鸡蛋打散成蛋液后，分2~3次慢慢加入拌匀。

3. 将奶粉、中筋面粉、小苏打粉一起过筛后，放入做法2的材料中搅拌至无干粉状，再放入南瓜子、坚果拌匀。

4. 把做法3的面团平均分成约15克的小面团后，再将小面团压入模型中（容器中先撒上少许的高筋面粉），放入烤箱中以上火170℃、下火140℃烤约20钟即可。

新手看这里

运用糕点的模型制成，再加上一点小创意放入坚果，就成了好吃的奶酥饼干，简单又不麻烦，很适合新手尝试喔！

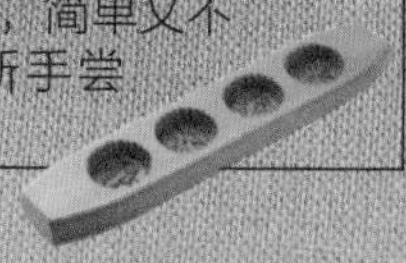

明治饼干

准备篇

面包篇

土司篇

蛋糕篇

饼干篇

西式点心篇

中式点心篇

【材料】

奶油·····················240克

糖粉·····················160克

鸡蛋·······················1个

低筋面粉·················180克

高筋面粉·················180克

奶粉······················10克

小苏打粉·················1小匙

抹茶粉······················6克

【做法】

1. 将软化的奶油、过筛的糖粉一起放入容器内，用打蛋器打至松发。
2. 鸡蛋打散成蛋液后，分2~3次慢慢加入拌匀。
3. 继续加入过筛的低筋面粉、高筋面粉、奶粉、小苏打、抹茶粉于做法2的材料中搅拌均匀，即为面团。
4. 将面团分切成每份20克的小面团，再用手揉搓呈圆球状后，再略施力气向下压，最后在表面上交叉斜划出线条后放入烤盘中，以上火170℃、下火140℃烤约20分钟。

高钙奶酪饼

【材料】

奶油·····················150克
细砂糖·················120克
蜂蜜·····················10毫升
鸡蛋·······················1个
低筋面粉···············200克
高钙奶酪粉·············25克
巧克力·················适量

【做法】

1. 将软化的奶油、细砂糖、蜂蜜一起放入容器内，用打蛋器打至均匀。

2. 鸡蛋打散成蛋液后，分2~3次慢慢加入拌匀。

3. 继续加入过筛的低筋面粉、高钙奶酪粉于做法2的材料中搅拌均匀，即为面糊。

4. 将面糊装入挤花袋中，使用齿形花嘴将面糊挤成3朵贝壳形状为一组的饼干面糊，并放置在铺有烤盘纸的烤盘上，以上火180℃、下火130℃烤约20分钟。

5. 巧克力隔水加热至溶化后，将做法4烤好的饼干蘸取适量的巧克力液，待冷却凝结即可。

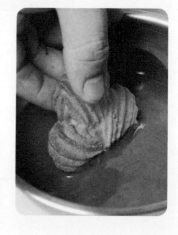

玛其朵咖啡奶酥

【材料】

奶油·······················200克
糖粉·······················100克
鸡蛋·························1个
中筋面粉···················280克
奶粉·························20克
即溶咖啡粉····················6克
鲜牛奶·····················20毫升
咖啡豆······················少许

【做法】

1. 奶油软化后，加入过筛的糖粉一起打至松发变白。
2. 鸡蛋打散成蛋液后，分2~3次加入做法1的材料中搅拌均匀，再加入过筛的中筋面粉、奶粉拌匀，即为面糊。
3. 将鲜牛奶与即溶咖啡粉拌匀呈膏状后，加入做法2的面糊中一起搅拌均匀，即为咖啡面糊。
4. 将咖啡面糊装入挤花袋中，使用菊花嘴在烤盘上拉出长条状，上面摆1~2粒的咖啡豆作装饰。
5. 将做法4的烤盘放入烤箱上层，以180℃约烤15分钟即可。

小甜饼

【材料】

糖粉·························80克
奶油·························53克
盐···························3克
鸡蛋·························80克
低筋面粉···················201克
泡打粉························2克
甜酒························适量

【做法】

1. 糖粉、奶油、盐放入干净无水的钢盆中，搅打至微发状态，分数次加入鸡蛋搅拌均匀（每次加入均需搅拌至均匀以防止糖油分离），再加入过筛过的低筋面粉、泡打粉继续搅拌至均匀。
2. 将做法1的面团分割为25克的小面团，整成圆形，移入预热好的烤箱中，以上火200℃、下火180℃烘烤约20分钟。
3. 取出放凉，食用时先浸泡在甜酒中约3秒钟即可。

千层巧杏酥

【材料】

A. 奶油·····················30克
　高筋面粉·············220克
　低筋面粉···············60克
　细砂糖·················15克
　水·····················150毫升
　裹入油·················230克
　杏仁角·················300克
B. 蛋清···················30克
　糖粉···················100克

【做法】

1. 奶油软化后，加入过筛的高筋面粉、低筋面粉和细砂糖、水一起混合搅拌均匀，即为面团。

2. 将面团放置室温中松弛15分钟后，用刀在面团上切十字刀痕。

3. 先用手略将面团四角压平并往外延展，再用擀面棍擀成四角形（见图1）。

4. 将裹入油用擀面棍擀成小于做法3面团尺寸的长方形后，叠在面团上（见图2）。

5. 将面团的四边向内往中间折叠，并用手整理压紧（见图3）。

6. 在桌面撒上高筋面粉，用擀面棍将面团擀成长方形（见图4）。

7. 将长方形面团向内往中间叠成3折（用刷子刷掉沾在面团上的高筋面粉），放置室温中松弛15分钟。如此重复做法6与做法7共3次（见图5）。

8. 将材料B的糖粉过筛后，加入蛋清一起混合搅拌均匀，即为蛋清霜。

9. 将做法7的面团擀成约0.5厘米厚的面皮，表面涂上蛋清霜。

10. 再撒上杏仁角，放入冰箱中冷藏至稍微变硬后，用轮刀切割成数个长7厘米、宽2厘米的长方形（见图6），放置室温中松弛15分钟，再放入烤箱上层以210℃约烤12分钟即完成。

杏仁小松饼

【材料】

低筋面粉…………………100克
奶油………………………70克
糖粉………………………40克
奶粉………………………15克
鸡蛋………………………20克
泡打粉……………………1克
杏仁粉……………………100克

【做法】

1. 将杏仁粉之外的所有材料放入干净无水的搅拌缸中，以桨状搅拌器搅打至微发状态。

2. 将做法1的面团分割为15克的小面团，表面均匀沾上杏仁粉，移入预热好的烤箱中，以上火200℃、下火180℃烘烤约15分钟即可，食用时可沾上溶化的巧克力。

准备篇
面包篇
土司篇
蛋糕篇
饼干篇
西式点心篇
中式点心篇

薄烧式饼干

薄烧式饼干的水分含量较其他类的饼干多，没有办法揉成面团状，只能形成面糊的形状。因此除了依靠面糊装入挤花袋或是挤饼器挤出各种图案之外，也可以利用汤匙直接舀到烤盘上，这时你就可以利用巧思自行制作别致又有趣的图案来丰富饼干的内容。

杏仁薄烧

【材料】

蛋清······················75克
鸡蛋························ 1个
细砂糖·················110克
低筋面粉··············60克
杏仁片···············100克
黑芝麻··················25克
白芝麻··················25克
南瓜子··················50克

【做法】

1. 将蛋清、蛋一起打散成蛋液后，放入细砂糖用打蛋器拌匀。

2. 继续放入过筛的低筋面粉、杏仁片、黑芝麻、白芝麻、南瓜子搅拌均匀后，放入冰箱中冷藏至少1小时以上后取出。

3. 烤盘铺上烤盘布后，再用汤匙舀取做法2的面糊于烤盘中，放入烤箱中以上火130℃、下火130℃烤约25分钟即可。

杏仁瓦片

准备篇 面包篇 土司篇 蛋糕篇 饼干篇 西式点心篇 中式点心篇

【材料】

蛋清	120克
细砂糖	90克
奶油	30克
低筋面粉	20克
玉米粉	20克
杏仁片	170克

【做法】

1. 蛋清加入细砂糖一起轻轻拌匀。
2. 将奶油隔水加热至溶化后，倒入做法1的材料中拌匀。
3. 低筋面粉、玉米粉过筛后，加入做法2的材料中一起拌匀，再过筛1次，再加入杏仁片混合均匀，即为杏仁片面糊。
4. 烤盘布上放好模板，将杏仁片面糊用汤匙舀入模板内摊平，并且注意杏仁片不要重叠，放入烤箱上层，以180℃烤15~20分钟即可。

新手看这里

烤盘上一定要放置烤盘布，否则烤好后的饼干会粘在烤盘上面。

巧心卷酥

【材料】

糖粉90克、蛋清50克、蛋黄20克、即溶咖啡粉3克、牛奶50毫升、低筋面粉100克、巧克力适量

【做法】

1. 糖粉过筛后，加入蛋清、蛋黄搅拌均匀。
2. 将即溶咖啡粉和牛奶混匀后，倒入做法1的材料中，再加入过筛的低筋面粉一起搅拌均匀，即为面糊。
3. 烤盘上铺烤盘布，将做法2的面糊放入挤花袋中，挤出直径2~3厘米的圆形的面糊在烤盘上并抹平，可挤约30份；然后放入烤箱上层，以180℃约烤8分钟后取出，并趁热卷起，待凉后挤上溶化的巧克力线条装饰即可。

麦片烟卷

【材料】

奶油······················150克
细砂糖·····················150克
蛋清·······················150克
低筋面粉···················150克
奶水·······················60毫升
蒸麦片·····················30克

【做法】

1. 将软化的奶油、细砂糖一起放入容器内，用打蛋器打至松发。
2. 蛋清打散后，分2~3次慢慢加入拌匀，再放入低筋面粉一起搅拌均匀。
3. 放入奶水、蒸麦片拌匀后，即为面糊，再装入挤花袋中。
4. 烤盘铺上烤盘布后，挤出每份直径6厘米的圆形薄片状的面糊在烤盘上，放入烤箱以上火180℃、下火150℃烤约12分钟取出。
5. 使用铁棒将饼干趁热卷起，待冷却成型即可。

莉斯饼干

【材料】

奶油·······················100克
糖粉························ 80克
鸡蛋························ 75克
低筋面粉·················100克
朗姆酒····················· 3毫升
葡萄干···················· 20克
蜂蜜·······················20毫升
核桃······················ 20克
杏仁角···················· 20克
南瓜子···················· 20克

【做法】

1.将软化的奶油、过筛的糖粉一起放入容器内，用打蛋器打至松发。

2.将蛋打散成蛋液后，分2~3次慢慢加入拌匀后，再加入低筋面粉、朗姆酒拌匀，即为面糊，再装入挤花袋中。

3.烤盘铺上烤盘布后，挤出适量的面糊在烤盘上呈椭圆形状备用。

4.葡萄干、蜂蜜、核桃、杏仁角、南瓜子一起混合拌匀后，放在做法3的面糊上面，以上火180℃、下火150℃烤约15分钟即可。

211

奶油巧心咖啡酥

【材料】

奶油100克、糖粉60克、鸡蛋1个、低筋面粉100克、泡打粉2克、即溶咖啡粉3克、鲜奶油60克、鲜牛奶20毫升

【做法】

1. 奶油软化后，加入过筛的糖粉一起打至松发变白。
2. 蛋打散成蛋液后，分2~3次加入搅拌均匀，再加入过筛的低筋面粉、泡打粉一起拌匀备用。
3. 将即溶咖啡粉和鲜奶油、鲜牛奶混合拌匀后，倒入做法2的材料中一起搅拌均匀，即为咖啡面糊。
4. 在烤盘布上放置长方形模板，把咖啡面糊用汤匙舀入并抹平，取下模板后，放入烤箱上层，以180℃约烤10分钟。
5. 烤好的饼干待凉后，在上下2片饼干中间夹入咖啡奶油夹心酱即完成。

咖啡奶油夹心酱

材料

奶油40克、白油60克、盐1克、糖粉100克、奶粉10克、即溶咖啡粉8克、奶水20毫升

做法

1. 奶油软化后，加入白油、盐、过筛的糖粉和奶粉，利用搅拌器一起打发，即为基本奶油夹心酱。
2. 先将即溶咖啡粉、奶水一起搅拌均匀，再加入基本奶油酱拌匀即完成。

蛋清乳沫饼干

还记得一小袋的蛋清小西饼就可以满足一下午的时光吗？这种小西饼只是用蛋清打到湿发泡，再边加糖边拌打至硬性发泡，最后拌入面粉就能成型了。因为打入较多的空气，口感特别松软。

准备篇
面包篇
土司篇
蛋糕篇
饼干篇
西式点心篇
中式点心篇

椰子球

【材料】

蛋清······················100克
细砂糖····················120克
椰子粉···················· 200克

【做法】

1. 将蛋清用搅拌机以中速打至湿性发泡后，加入细砂糖继续打至硬性发泡。
2. 将椰子粉加入搅拌均匀，捏成球状，放入已铺烤盘纸的烤盘上，放进烤箱上层，以170℃约烤15分钟即可。

杏仁蛋清小西饼

【材料】

蛋清······················120克
细砂糖···················· 60克
低筋面粉·················· 40克
杏仁粉···················· 60克
糖粉······················150克

【做法】

1. 蛋清用搅拌机以中速搅打至湿性发泡后，加入细砂糖继续打至硬性发泡。
2. 将低筋面粉、杏仁粉和糖粉过筛，慢慢加入并搅拌均匀后，立刻装入挤花袋中。
3. 烤盘纸铺入烤盘中，将做法2的材料用平口花嘴在烤盘纸上挤出圆形乳沫，放进烤箱上层，用180℃烤约8分钟即可。

原味马卡龙

【材料】

杏仁TPT粉…………250克
糖粉………………100克
蛋清………………100克
细砂糖……………50克

备注 一般专业用烤箱都会有所谓"气门"的地方，只要将气门的开关打开就可以了。家用烤箱因为没有气门装置，所以容易烤失败。

【做法】

1. 将杏仁TPT粉过筛，再将糖粉以筛网过筛备用（见图1）。
2. 让蛋清回温至20℃左右后，将蛋清先打发，并加入25克的细砂糖持续打发至泡泡变细（见图2）。
3. 再加入剩下的25克细砂糖，继续打发至接近干性发泡阶段（见图3）。
4. 将做法1的所有材料加入做法3的盆中，搅拌混合至无干粉状即可（见图4~6）。
5. 把做法4搅拌好的面糊装入平口嘴的挤花袋内，在烤盘上挤出大小一致的形状（见图7）。
6. 将挤好面糊的烤盘放在阴凉处静置，等约30分钟以上，至面糊表面结皮（见图8）。
7. 将结好皮的面糊，放入预热好的烤箱中，以上火210℃、下火180℃烤约10分钟，至饼体膨胀起来后，开气门，续烤约5分钟至表面干酥即完成。

裂口马卡龙

【材料】

杏仁粉 ·························60克
糖粉 ·······················60克
低筋面粉 ····················10克
蛋清 ·······················100克
细砂糖 ·····················50克
盐 ··························1克
糖粉 ·······················适量

【做法】

1. 杏仁粉先过筛，将粗粒的杏仁粉筛出，只取细粒部分，并补足分量后备用（见图1）。
2. 糖粉、低筋面粉分别以筛网过筛后备用（见图2）。
3. 让蛋清回温至20℃左右后，将蛋清先打发，并加入25克的细砂糖、盐持续打发至泡泡变细。
4. 于做法3的盆中再加入剩下的25克细砂糖，继续打发至接近干性发泡阶段（见图3）。
5. 将做法1、做法2的所有材料加入做法4的盆中，搅拌混合至无干粉状即可（见图4~6）。
6. 把做法5的面糊装入平口嘴的挤花袋内，在烤盘上挤出大小一致的形状（见图7）。
7. 在挤好的面糊表面撒上些许糖粉。
8. 将烤盘放入预热好的烤箱中，以上火210℃、下火180℃烤约10分钟，至饼体膨胀起来后开气门，续烤约5分钟至表面干酥即完成（见图8）。

准备篇
面包篇
土司篇
蛋糕篇
饼干篇
西式点心篇
中式点心篇

西|式|点|心|篇

泡芙是人气扶摇直上的点心，深受大朋友及小朋友的喜爱。泡芙的样式变化很多，保存也相当容易。香浓的奶油泡芙不管是刚烤好，或是冰凉食用，都令人难以抗拒，浓郁的香味及酥松的外皮，都能让您确确实实地感受到泡芙的美味。加上各式可爱造型，及装点出各种特色的面貌，能让你借由泡芙创造出满屋的欢乐喔！

泡芙制作注意事项 Q&A

Q1 泡芙烤焙时无法膨胀，即使膨胀起来也不够松大？

泡芙无法顺利膨胀的理由有好几种，其中之一是最初要将水和油加热至完全沸腾时，油水尚未沸腾就加入面粉，因为这个时候温度还太低，无法把面粉煮熟糊化，结果会形成膨胀力差的面糊。同样的如果加入了太多的蛋液，成为太软稀的面糊，也很难膨胀起来。最常见的是在烤焙中途，打开烤箱，使烘焙中的泡芙遇到冷空气而收缩。

▲ 成功　　▲ 失败

Q2 烤好的泡芙为何内部会缺少空囊呢？

当调制的泡芙面糊太干时及煮面糊时面糊糊化不足，都会影响泡芙的膨胀而无法形成空囊。另外在加入色拉油时，倒入过量的油，影响膨大，尤其在使用奶油时更为明显。在最后步骤加入过多的蛋液使面糊太稀也会影响膨胀而无法形成空囊。

Q3 吃不完的泡芙要如何保存？

如果一次制作的数量很多，当天无法全部吃完，可装在保鲜盒或塑料袋内放入冰箱中冷藏。需要时再从冰箱中取出，待泡芙恢复至室温时再填装不同的馅料和装饰。

Q4 制作泡芙时要如何判断泡芙面糊的浓度在何种情况下才算是恰到好处？

▲泡芙面糊的浓度太高。　▲泡芙面糊浓度适中。

A 泡芙面糊的浓度，一般可以用刮刀刮取一部分的面糊来判断。泡芙面糊是否会从刮刀上滑下，如果粘附在刮刀上的面糊呈三角形之薄片，而不从刮刀上滑下，则表示面糊的浓度恰到好处。如果粘附在刮刀上的面糊，不是呈三角形的薄片，而是很短小的锯齿形，则表示泡芙面糊的浓度太高；如果刮刀上的面糊会有一部分从刮刀上滑下，则表示泡芙面糊太稀。

面糊太浓、太稀与加入的蛋量有关。所以当面糊太浓时可以加入材料以外的蛋量来调整，但这时加入的蛋量要一点一点慢慢地加入，不可太急而一次倒入太多，否则面糊会太稀。当面糊太稀时，则是无法补救的。

▲泡芙面糊太稀。

Q5 为什么同一炉的泡芙有的未熟而有的已烤焦？

A 因为家用的烤箱炉温比较不稳定，烤箱内每一个角落温度都不太一样，所以会造成烤焙的成品色泽不一。但是最大的原因是当挤出的泡芙大小不一样时，体积大的未烤熟而体积小的已烤焦，所以要使泡芙的大小、形状一致才能烤焙出美观可口的泡芙。

Q6 如何判断泡芙烤熟与否？

A 当泡芙在烤焙时是不能打开烤箱的，否则会影响泡芙的膨胀，所以只能在烤箱外观看泡芙是否膨胀起来。当膨胀后泡芙的裂缝与泡芙皮的色泽一致时，即可判断泡芙已经烤熟了。

基础泡芙 约25个

【材料】

水 …………………… 200毫升
盐 …………………… 2克
色拉油 …………………… 120毫升
高筋面粉 …………………… 160克
鸡蛋 …………………… 288克

【器具准备】

1.烤箱以上火200℃、下火180℃预热。
2.烤盘铺上烤盘纸。
3.挤花袋套上直径1厘米的平口挤花嘴。

备注 泡芙内馅做法请参考P.224~225。

【做法】

1.锅内放入水、盐、色拉油，用中火煮到油水沸腾，期间要用长木勺不时搅拌一下，避免油浮在水面，产生油爆，水滚后续加入全部高筋面粉混合均匀（见图1）。

2.继续加热，一边用长木勺不停地搅动，使锅内的油水和面粉拌匀，直到糊化的程度，即面糊能和锅底分离，即可熄火，拿开锅子（见图2）。

3.将糊化的面糊倒入搅拌缸中，用浆状拌打器以中速搅拌；待面糊温度降至60~65℃时，再将蛋液慢慢分次加入，每次加入都要充分混匀，待面糊搅拌均匀后再继续添加（见图3）。

4.调节做法3的蛋量，让面糊呈现刮刀刮起时，粘附在刮刀上的面糊呈倒三角形之薄片，而不从刮刀上滑下，面糊表面呈现光滑细致，则表示面糊的浓度恰到好处（见图4）。

5.将面糊装入挤花袋，挤于烤盘纸上，每个面糊的直径约为5厘米；挤面糊时挤花嘴要靠近烤盘，呈垂直角度，面糊与面糊之间要保持适当的间距（见图5）。

6.手指沾水轻压挤好的面糊整形，进炉前用喷雾器距离面糊约30厘米处喷水，以使泡芙表皮烤出香脆的口感（见图6）。

7.放进上火180~200℃、下火180℃的烤箱中，烤焙20~25分钟，至泡芙呈金黄色，且膨胀、有均匀裂痕即可。

酥皮泡芙 约25个

【面糊材料】

水 ····················· 225毫升
色拉油 ··············· 75毫升
盐 ························ 3克
高筋面粉 ············· 200克
鸡蛋 ··················· 300克

【面糊做法】

基础泡芙面糊做法请见P.220做法1~4。

【菠萝皮材料】

糖粉（过筛）············ 85克
低筋面粉（过筛）·····175克
奶粉 ····················· 7克
奶油 ···················· 45克
白油 ···················· 45克
盐 ·······················1克
鸡蛋 ···················· 60克

【做法】

1. 将奶油、白油、糖粉、盐放入搅拌盆中，用打蛋器将奶油打发呈乳白色，续分次加入蛋液，每次加入时都要充分搅拌使蛋液被吸收（见图1~2）。

2. 将低筋面粉过筛后与奶粉倒在桌面上，用刮板挖出凹槽，取出做法1打发的奶油放在凹槽内，以按压的方式拌匀，不可搓揉出筋，最后整形成团，即为菠萝皮面团（见图3~4）。

3. 将面团分割成适当的大小，压平贴放在先前做好的基础泡芙面糊上。

4. 放进上火180~200℃、下火180℃的烤箱中，烤焙20~25分钟即可（见图5~6）。

备注
1. 菠萝皮进炉前不可喷水，未使用完的菠萝皮须尽速用完，或放于室温中，不可冷藏，因为冰过会使菠萝皮硬化。
2. 泡芙内馅做法请参考P.224~225。

日式芝麻泡芙 约25个

【材料】

水 ⋯⋯⋯⋯⋯⋯⋯⋯ 250毫升
奶油 ⋯⋯⋯⋯⋯⋯⋯⋯ 125克
低筋面粉 ⋯⋯⋯⋯⋯⋯125克
鸡蛋 ⋯⋯⋯⋯⋯⋯⋯⋯ 225克
黑芝麻（熟）⋯⋯⋯⋯适量

【器具准备】

1.烤箱以上火200℃、下火180℃预热。
2.烤盘铺上烤盘纸。
3.挤花袋套上直径1厘米的平口挤花嘴。

备注 泡芙内馅做法请参考P.224~225。

【做法】

1.锅内放入材料中的水、奶油，用中火煮到奶油完全溶化、油水沸腾，续加入全部低筋面粉混合均匀（见图1）。
2.继续加热，一边用长木勺不停搅动，使锅内的油水和面粉拌匀，直到糊化的程度，即可熄火，拿开锅子（见图2~3）。
3.将糊化之面糊倒入搅拌缸中，用浆状拌打器以中速搅拌；待面糊温度降至60~65℃时，再将蛋液慢慢分次加入，每次加入都要充分混匀，待面糊搅拌均匀后再继续添加。
4.调节做法3的蛋量，让面糊呈现刮刀刮起时，粘附在刮刀上的面糊呈倒三角形之薄片，而不从刮刀上滑下，面糊表面呈现光滑细致，则表示面糊的浓度恰到好处，即可倒入黑芝麻拌匀（见图4~5）。
5.将面糊装入挤花袋，挤于烤盘纸上，每个面糊的直径约5厘米。手指沾水轻压整形，进炉前用喷雾器距离面糊约30厘米处喷水。放进上火180~200℃、下火180℃的烤箱中，烤焙20~25分钟即可（见图6）。

闪电泡芙 约10个

准备篇
面包篇
土司篇
蛋糕篇
饼干篇
西式点心篇
中式点心篇

【面糊材料】

水……………………155毫升

盐……………………… 2克

色拉油…………… 93毫升

高筋面粉…………… 124克

蛋………………… 223克

【装饰材料】

巧克力布丁馅…… 200克

融化的苦甜巧克力…适量

【做法】

1. 将水、色拉油、盐煮滚后，将面粉倒入并快速拌匀，拌至糊化。

2. 面糊降温至60℃左右后分次加入蛋液，搅拌至面糊呈倒三角形且光滑细致。

3. 将面糊装入挤花袋中，挤出直径大约15厘米长条形的泡芙皮，烤焙前在泡芙的表面喷水。

4. 入炉温度为上火180℃、下火180℃，烘焙约25分钟即可。

【装饰】

泡芙的表面先沾上一层苦甜巧克力，待巧克力干硬后，从中间横向切开，填装巧克力布丁馅即可。

备注 巧克力布丁馅做法请见P.225；除了巧克力布丁馅之外，可将内馅换成香草冰淇淋，表面淋上热热的苦甜巧克力，那滋味真是不可言喻，您一定要尝试一下。

223

10种 泡芙甜蜜内馅

1 奶油布丁馅

【材料】

牛奶·····················160毫升
奶油·························13克
细砂糖·······················38克
鸡蛋·························27克
玉米粉·························7克
低筋面粉······················9克

【做法】

1. 先将低筋面粉、玉米粉一起过筛备用。
2. 将糖、蛋、低筋面粉、玉米粉拌匀。
3. 牛奶、奶油煮滚，冲入做法2的材料中拌匀，再倒回铜锅，煮至胶凝状时离火，抹上薄薄的奶油后放置全凉，再覆盖保鲜膜，放入冰箱中冷藏。

2 香草布丁馅

【材料】

香草棒·····················1/2根
牛奶·····················160毫升
奶油·························13克
细砂糖·······················38克
鸡蛋·························27克
玉米粉·························7克
低筋面粉······················9克

【做法】

1. 先将低筋面粉、玉米粉一起过筛备用。
2. 将糖、蛋、低筋面粉、玉米粉拌匀。
3. 用小火将香草棒与牛奶煮至香味飘出，将香草棒取出，放入奶油煮到奶油溶化；将做法2的材料冲入，煮至胶凝状时离火，覆盖保鲜膜放凉，入冰箱中冷藏。

3 柠檬布丁馅

【材料】

奶油布丁馅·········225克
新鲜柠檬汁·········25毫升

【做法】

将奶油布丁馅与柠檬汁拌匀即可。

备注 制作柠檬布丁馅时，要注意柠檬汁中含有较强的酸性，此酸性原料会破坏玉米淀粉的胶质，所以柠檬汁应该在奶油布丁馅煮好后，最后才加入拌匀。

4 抹茶布丁馅

【材料】

奶油布丁馅·········250克
打发鲜奶油·········150克
抹茶粉·················适量
热水·····················适量

【做法】

1. 抹茶粉与热水煮开备用。
2. 将打发的鲜奶油，与布丁馅先拌匀，再与煮开的抹茶拌匀即可。

5 芝麻布丁馅

【材料】
奶油布丁馅 ………250克
打发鲜奶油 ………150克
市售面包芝麻抹酱…适量

【做法】
　　打发的鲜奶油，与布丁馅
先拌匀，再与面包芝麻抹酱拌
匀即可。

6 奶酪布丁馅

【材料】
奶油布丁馅 ………250克
奶油奶酪…………125克

【做法】
　　将奶油奶酪隔水加热，搅
拌至溶化且没有颗粒时，与奶
油布丁馅拌匀即可。

7 栗子布丁馅

【材料】
打发鲜奶油 ………125克
市售栗子泥 ………250克

【做法】
　　将打发的鲜奶油与栗子泥
拌匀即可。

8 巧克力布丁馅

【材料】
奶油布丁馅 ………125克
打发鲜奶油 …………75克
苦甜巧克力 …………25克

【做法】
　　将打发的鲜奶油，与布丁
馅先拌匀，再与溶化的苦甜巧
克力拌匀即可。

9 花生布丁馅

【材料】
奶油布丁馅 ………250克
打发鲜奶油 ………150克
市售花生酱 …………适量

【做法】
　　将打发的鲜奶油，与奶油布丁
馅先拌匀，再与花生酱拌匀即可。

10 酸奶布丁馅

【材料】
奶油布丁馅 ………250克
市售原味酸奶…125毫升

【做法】
　　取奶油布丁馅与市售原味
酸奶拌匀即可。

 备注　酸奶可使用任何您所喜
欢的水果口味。

派

传说，派是一位忙碌的师傅失误的发明，他没将材料依序放入，造成粉包奶油的情形。这简单的面粉、奶油、水、盐、细砂糖，只不过放入的顺序颠倒了，就变出惊喜的"化学反应"，成了"派"的始祖。奶油块加热后造成的气洞，形成了派的酥松。做好派，首先要认识到基本材料品质对整个派的影响，优质的面粉、奶油、蛋、奶、盐全是首要条件。

派皮完美技巧

NG的示范~让你避免实务操作的失误！

1 时间太短或温度太低致派皮没有烤熟，脱模时，就会有这样的情形。

4 如果派皮擀得不够大，或整形时太过用力，甚至是派皮温度太高、过软，都是容易造成派皮破了的情形。

2 擀面团时施力不均，或是擀面棍未放平等，都会造成面团左右倾斜、厚度不一的情形。

5 使用叉子压边时太过用力，就会造成这样的情形。脱模时也容易粘住派盘，造成边缘碎裂。

3 面团太软，或是擀面棍潮湿，都易造成粘棍而不易擀平的情形。

6 如果没有镇石，也可以拿红豆粒来替代，可反复使用，直到红豆粒焦掉为止。

派皮制作的Q&A

Q 派皮破后要怎么补救呢?

A 软硬适中的冷藏派皮才能擀出好的派皮,适当的硬度,应该是用手指按面团会出现轻轻的指印;太硬的面团在擀开时容易裂开,太软的面团在擀开时会容易沾粘。若派皮真的破了,其实也很简单,只要拿一小块派皮在破洞的地方补上压平即可。

Q 怎么食谱中的蛋的分量有"个"也有"克",这是怎么回事呢?

A 一般在烘焙坊师傅们都是以克来计算蛋液的用量的,如在家中或食谱中以几"个"蛋指示,一般使用中型蛋(约50克)即可。

Q 多余的派皮可以做什么?

A 以千层派皮为例,美味的起士卷、焦糖眼镜酥、蝴蝶起酥、叶子酥……都是小巧简易的变化。而多余的甜、咸派皮可用在派本身的装饰上,如用刀子或模型制作出的叶片装饰、葡萄形装饰、鱼装饰,如同纸粘土的创作一般,你也可以在你的派上施展艺术。

Q 为什么派在烤前要松弛呢?

A 铺在派盘上的派皮在烤前,请先盖上保鲜膜冷藏半小时,再加入馅料去烤。这样可以让派皮有充分的松弛时间,才不至于在进入烤箱后遇热收缩过度,影响卖相及口感。

Q 如何让派酥脆而不是软软的呢?

A 如果想要让底部的派皮较酥脆,而不因为馅料中的水分而变得太软,可在空派皮上涂一层蛋清或蛋黄液,或者均匀撒上2汤匙干的原味面包粉。

甜派皮 8寸2个

【材料】

无盐奶油·················125克
糖粉·····················100克
鸡蛋·······················50克
杏仁粉·····················50克
低筋面粉·················250克
盐·······················1/2小匙

备注 材料中的无盐奶油也
可用同量的发酵奶油
替代。

【做法】

1. 在一容器中，将室温的无盐奶油打软拌匀后，分次加入过筛的糖粉拌匀至乳白色，再加入蛋拌匀（见图1~2）。
2. 加入过筛的盐、杏仁粉与低筋面粉拌匀成面团（见图3）。
3. 将面团取出压平（见图4）。
4. 用保鲜膜包起，放置冰箱中冷藏松弛约30分钟以上即可（见图5）。

新手看这里

甜派皮跟咸派皮一样，可一次多搅拌一些，用塑料袋分装包好，放入冷冻库中保存，可保存1个月，使用前可先放在冷藏室中退冰后再使用。

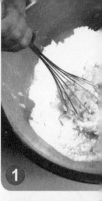

咸派皮 8寸2个

【面糊材料】

低筋面粉········ 300克
无盐奶油········ 150克
盐·················1小匙
蛋黄·················1个
冰水···········90毫升

【做法】

1. 无盐奶油切成小块，低筋面粉过筛备用。将低筋面粉放置于工作台上，加入奶油块（见图1）。
2. 用刮刀边将奶油块与低筋面粉拌合，边将奶油块再切成米粒状（见图2）。
3. 以手将做法2的材料搓揉均匀（见图3）。
4. 铺平后于中间打入蛋黄，慢慢加入已加入盐拌匀的冰水，再将全部材料一起搓揉成面团（见图4）。
5. 以刮刀将面团整形，再用保鲜膜包好压平，入冰箱中冷藏松弛约30分钟以上即可（见图5）。

新手看这里

重点1 派皮制作时，奶油不需要完全溶化拌合，米粒状的成块奶油，是派皮酥松脆的秘诀。派皮可一次多搅拌一些，用塑料袋分装包好，放入冷冻库中保存，可保存1个月。使用前可先放在冷藏室中退冰再使用。

重点2 移动派皮也是一门学问，有些人习惯先将派皮对折再对折，放入派盘一角中，再展开整片派皮。这里我们示范了另一种方式，也就是先用擀面棍将派皮卷起，再将派皮移至派盘上，顺势卷开。记得，在擀面棍上抹上一些面粉，可以万无一失，避免擀面棍上潮湿或派皮太软造成的粘面棍情况。

起酥派皮 36厘米×27厘米烤盘2块

【基础泡芙材料】

中筋面粉·····················250克
无盐奶油（1）···········35克
冰无盐奶油（2）·······160克
水 ·····························125毫升
盐 ·····························1/2大匙

【做法】

1. 将中筋面粉、盐、水、无盐奶油（1）混合揉成面团，用保鲜膜或塑料袋包好压平，放入冰箱中冷藏松弛约20分钟。
2. 将冰硬的无盐奶油（2）用擀面棍敲打呈长方形厚片备用。
3. 将冰箱的面团（做法1）取出，擀开呈做法2的无盐奶油的2倍大，再将做法2的无盐奶油放置中央包起来，面团的接缝处需捏紧。
4. 将做法3的面团擀开呈大长方形。
5. 折叠三3折后再擀开呈长方形。
6. 重复做法5的动作5次即可（一共是3折×6次）。

新手看这里

重点1 材料中的无盐奶油也可用发酵奶油代替，在擀开时，如果包入无盐奶油的面团变得太软，就得用保鲜膜或塑料袋包好，放入冰箱中冷藏15~20分钟后再取出操作。冰无盐奶油最好与面团相同软硬度才能做出最好的美味。另外在折叠步骤完成后，可切成需要的大小，用塑料袋隔开后放入冷冻库中保存，可保存1个月。

重点2 材料中的中筋面粉也可以用高筋面粉及低筋面粉各125克代替。

美式苹果派 〔1个〕

【甜面团材料】

甜派皮450克
（做法见P.228）、
苹果4个、无盐奶油
15克、细砂糖120
克、柠檬汁2大匙、
白兰地1大匙、肉桂
粉1/8小匙

【蛋液】

鸡蛋1个、水少许

【做法】

1. 将苹果洗净削皮去籽，分别切成8瓣备用。
2. 热锅，放入无盐奶油加热至溶化，再倒入一半的细砂糖加热至完全溶化，放入苹果，再倒入剩余的细砂糖与肉桂粉继续加热，搅拌至细砂糖充分沾裹在苹果上。
3. 加入柠檬汁继续煮12~15分钟至苹果变软、水分收干时（中途需不时搅拌），并带有茶褐色后熄火，倒入白兰地拌匀，待冷却即为苹果馅备用。
4. 将2/3甜派皮擀开呈0.4厘米厚，放入派模中整形静置，松弛约15分钟，派皮边缘刷上蛋液。
5. 将苹果馅倒入派皮中，将剩余派皮擀平、盖上边、压紧，刷上剩余蛋液，静置约15分钟，放入烤箱以上下火200℃烘烤25~30分钟即可。

新手看这里

　　苹果派配什么最好？当然是配上一球香草冰淇淋，无论是在夏天还是冬天，都是最美味的盛宴。如果再淋上一小匙的餐后酒，无论是巧克力奶油香的Bailey，或是带着橘子味的君度酒，都是足以让你沉醉的甜点。

法式苹果派 1个

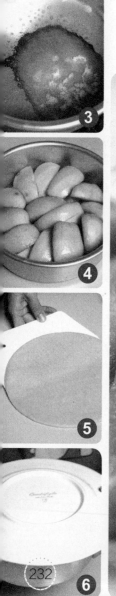

【材料】

甜派皮 ·················· 200克
（做法见P228）
苹果·················· 6~7个
无盐奶油·················· 100克
细砂糖（1）·················· 100克
细砂糖（2）·················· 30克
肉桂粉·················· 1/8小匙

【做法】

1. 将苹果洗净去皮去籽，对切后备用（见图1）。

2. 在平底锅中放入细砂糖（1），以小火加热溶化至呈浅咖啡色时，加入无盐奶油继续煮至溶化，放入苹果至表面完全沾裹上奶油糖。

3. 将派模内侧抹上无盐奶油（分量外），加入细砂糖（2），放置炉上加热至呈茶褐色时，熄火冷却备用（见图2~3）。

4. 将苹果满满排入做法3的材料中，不要留下空隙，再放入烤箱中以上下火200℃烤约30分钟即出炉（见图4）。

5. 将甜派皮擀开呈0.4厘米厚的派模大小，用叉子戳洞，放入派模内（苹果上），放入烤箱烤约20分钟至派皮表面上色；待冷却后用盘子抵住，翻倒出脱模即可（见图5~6）。

新手看这里

此派最后要翻倒在盘中，所以为避免粘模具的情况出现，模具上要充分擦上奶油或撒上面粉防粘。另外制作奶油糖苹果时动作要迅速，否则奶油糖极易烧焦。

国王派 8寸1个

【材料】

起酥派皮（做法见P.230）
..................600克

【蛋黄液】

蛋黄..................2个
水..................1小匙

【奶油杏仁馅材料】

无盐牛油（室温软化）
..................80克
低筋面粉..................15克
细砂糖..................80克
杏仁粉..................80克
鸡蛋..................80克
朗姆酒..................2大匙

【做法】

1. 将起酥派皮擀成0.5厘米厚，利用8寸慕斯圈放在派皮上，用刀子沿着慕斯圈裁切成2片圆形派皮（见图1）。

2. 将无盐奶油用打泡器拌成糊状，加入细砂糖拌匀。

3. 将蛋打散，分3~4次加入拌匀，再加过筛后的杏仁粉、低筋面粉与朗姆酒，拌匀即成为奶油杏仁馅（见图3）。

4. 将其中一片派皮用叉子戳洞后，中间放上奶油杏仁馅，将蛋黄液涂在周围，放上另一片派皮，压边使2片派皮密合，用小刀将边缘略整形后，放入冰箱中冷藏松弛约20分钟（见图2、图4、图5）。

5. 将派皮表面涂抹上剩余的蛋黄液，用小刀划出花纹，放入烤箱以上下火200℃烘烤约30分钟，至表面上色，即降温至180℃继续烘烤15~20分钟即可（见图6）。

波士顿派 8寸1个

【蛋糕体材料】

低筋面粉·········85克
泡打粉·········1/2小匙
香草精·········1/2小匙
牛奶·········40毫升
蛋黄·········60克
蛋清·········100克
色拉油·········30毫升
细砂糖（1）·····40克
细砂糖（2）·····60克
盐·········1/4小匙
柠檬汁·········1小匙

【内馅材料】

鲜奶油·········250克
细砂糖·········40克

【装饰材料】

防潮糖粉·········适量

【做法】

1. 蛋黄、细砂糖（1）与盐用电动打泡器打发至糖溶解，呈浓稠状后，加入色拉油、牛奶、香草精拌匀。
2. 低筋面粉与泡打粉一同过筛后，加入做法1的材料快速拌匀。
3. 蛋清、柠檬汁打发至起泡后，分2次加入细砂糖（2），用中速打至偏干性发泡。
4. 先取1/3做法3的蛋清量先与做法2的材料拌合，再将剩余的加入，用刮刀拌匀。
5. 将做法4的材料倒入干净的蛋糕模中抹平，在桌面上轻敲一下使大气泡消掉后，进烤箱以上下火170℃烤焙20~25分钟。
6. 出炉后立即将蛋糕反转，倒放在倒扣架上待冷却。
7. 将鲜奶油加入细砂糖打发，即成鲜奶油内馅。
8. 将完全冷却的蛋糕用刀子横向切2刀（底部须稍微厚一些），再将内陷涂抹在底部蛋糕上，将中层蛋糕盖上，按同样方法再涂抹在中层蛋糕上，最后盖上表层的蛋糕。
9. 将防潮糖粉均匀撒在表面装饰即可。

准备篇

面包篇

土司篇

蛋糕篇

饼干篇

西式点心篇

中式点心篇

拿破仑派 30厘米1条

【材料】
起酥派皮（做法见P.230）
200克、打发鲜奶油150克

【蛋糕体材料】
蛋黄5个、蛋清7个、无盐奶
油60克、牛奶60克、细砂
糖（1）50克、细砂糖（2）
60克、低筋面粉100克、泡
打粉1小匙、香草精1小匙

【做法】
1. 将起酥派皮用擀面棍擀平，放入抹了油的烤盘中，将派皮表面用叉子戳洞
   后，放入冰箱冷藏松弛约1小时。
2. 蛋黄与细砂糖（1）用打泡器搅拌至淡黄色，加入溶化的无盐奶油、牛
   奶、香草精拌匀，再放入已筛的低筋面粉与泡打粉轻轻拌匀。
3. 将蛋清打起泡后，分次加入细砂糖（2）继续打至偏干性发泡，再分次加
   入做法2的材料中拌匀。
4. 取1个干净的烤盘铺上烤盘垫纸，将做法3的材料倒入并用软刮板抹平，
   放入烤箱以上火180℃、下火150℃烘烤20~25分钟，取出放凉，即为蛋
   糕体。
5. 将做法1的起酥派皮，放入已预热的烤箱，以上下火热200℃烘烤约50分
   钟后，至派皮呈现茶色时取出放凉，裁切呈长条状。
6. 先将蛋糕体均匀抹上打发鲜奶油，再放上做法5的派皮，最后将蛋糕卷起
   切片即可。

咖啡千层派 约10个

【材料】

起酥派皮（做法见P.230）
..............................300克

糖粉.............................适量

【咖啡奶油馅】

即溶咖啡粉1.5大匙、牛奶200克、蛋黄50克、无盐奶油10克、低筋面粉10克、玉米粉10克、细砂糖50克、盐1/4小匙、咖啡酒1小匙

【做法】

1. 将起酥派皮用擀面棍擀成30×40厘米大小，放入烤盘中，用叉子将派皮表面戳洞后，放入冰箱中冷藏松弛约1小时。

2. 将松弛后的起酥派皮取出，放入已预热烤箱，以上下火200℃烘烤约40分钟后，将表面撒上糖粉后，再继续烘烤至表面糖粉溶化，或派皮呈现茶色即可取出冷却备用。

3. 牛奶、细砂糖、盐加热至煮沸后，加入即溶咖啡粉拌匀。

4. 将蛋黄打散后，加入过筛的玉米粉、低筋面粉拌匀。

5. 将做法3的材料分次加入做法4的材料中拌匀，再用小火煮至光亮凝胶状后离火，趁热加入无盐奶油、咖啡酒，快速搅拌均匀，倒入一干净的烤盘中，用保鲜膜浮贴在咖啡奶油馅上待凉备用。

6. 将派皮修边（保留修边的派皮）切成3等份，取其中一份表面挤上咖啡奶油馅，盖上一层派皮后，挤上咖啡奶油馅，再盖上另一层派皮，将修边后剩下的派皮弄碎，贴在两侧即可。

【材料】

甜派皮（做法见P.228）250克、蜜红豆200克
水160毫升、琼脂粉3克、麦芽15克

【蛋清甜饼材料】

蛋清3个、细砂糖60克

【做法】

1. 将甜派皮擀约0.4厘米厚，压入派模中并用叉子
   戳洞，松弛约10分钟。
2. 隔纸压镇石，放入烤箱以上下火200℃，烘烤约
   12分钟后，取出纸与镇石后再放入烤箱中继续
   烤约3~5分钟，至表面呈金黄色备用。
3. 将琼脂加水煮至滚沸后，加入蜜红豆拌匀至再
   次煮沸后，加入麦芽煮至糊化，倒入做法2的派
   皮中。
4. 蛋清用打泡器打至发泡后，将细砂糖分2次加
   入，打至干性发泡，再用挤花袋挤在做法3的红
   豆派上，放入烤箱以上下火200℃烤2~3分钟，
   至蛋清表面呈现淡淡黄褐色即可。

新手看这里

   蜜红豆可以买现成的，如要自己制作，
   可用120克的煮熟（软）红豆趁热加入60克
   的细砂糖拌匀即可。

红豆派　20厘米菊花派盘1个

【材料】

甜派皮（做法见P.228）250克、水蜜桃（罐头）
适量、镜面果胶适量

【奶油杏仁馅材料】

无盐奶油100克、全蛋60克、蛋黄20克、
低筋面粉40克、杏仁粉125克、糖粉65克、
朗姆酒1大匙

【做法】

1. 无盐奶油放置室温中软化后，用打泡器稍微打
   发，加入过筛后的糖粉拌至乳白色后，分次加入
   全蛋及蛋黄拌匀后，加入朗姆酒与过筛的杏仁粉
   和低筋面粉拌匀，即为奶油杏仁馅。
2. 将甜派皮擀开呈0.4厘米厚，放入派盘内整形后
   用叉子戳孔，松弛约15分钟。
3. 将奶油杏仁馅装入挤花袋（无需使用挤花嘴）
   挤入做法2的派皮中，用抹刀抹均匀以整形。
4. 将水蜜桃从罐头中取出，用纸巾稍微吸干水分
   后，排入做法3的材料中，再放入烤箱以上下火
   190℃烘烤50~60分钟。
5. 将烤好的水蜜桃派取出，将镜面果胶用刷子刷
   在派的表面即可。

水蜜桃派　20厘米菊花派盘1个

【材料】

甜派皮（做法见P.228）400克、海绵蛋糕片12片、栗子酱250克、朗姆酒1小匙、香草精1小匙、动物性鲜奶油（1）40克、动物性鲜奶油（2）120克、植物性鲜奶油300克、防潮糖粉适量

【卡士达酱材料】

卡士达粉100克、牛奶300克

【做法】

1. 将栗子酱用直型打泡器打软；用牛奶将卡士达粉溶解拌匀，即成卡士达酱，备用。

2. 将甜派皮擀成约0.4厘米厚，分别压入小型派模中，整形好松弛约15分钟。

3. 隔纸压镇石，将做法2的派皮放入烤箱以上下火箱200℃烘烤10分钟后，取出纸与镇石，再进烤箱续烤3~5分钟至表面呈金黄色。

4. 取出100克卡士达酱与栗子酱、朗姆酒、香草精一起拌匀，再加入打发的动物性鲜奶油（1）拌匀。

5. 将剩余的卡士达酱，与打发的动物性鲜奶油（2）一起拌匀，即为内馅备用。

6. 将做法3的小派皮挤入做法5的内馅后，放上海绵蛋糕片，挤上打发的植物性鲜奶油，再用8孔特殊花嘴顺时钟挤上做法4的材料，最后洒上防潮糖粉装饰即可。

备注 海绵蛋糕做法请参考P.120。

蒙布朗栗子派

小型派模10个

原味乳酪派

直径10厘米高、3.5厘米派模3个

【比例】

甜派皮（做法见P.228）350克、奶油乳酪250克、蛋黄1个、牛奶90毫升、卡士达粉30克、细砂糖100克

【做法】

1. 将甜派皮擀成0.4厘米厚，一一压入派模中整形，松弛约15分钟备用。

2. 卡士达粉、牛奶拌匀备用。

3. 将室温软化的奶油乳酪、细砂糖，用木匙或打泡器打软，再加入蛋黄搅拌均匀。

4. 将做法2的材料加入做法3的材料中拌匀，用汤匙舀入做法1的派皮中至8分满，略抹平表面，放入烤箱以上火180℃、下火150℃烤约40分钟即可。

新 手 看 这 里

重点1 卡士达粉加入牛奶后即成简易的卡士达酱，又称克林姆酱。

重点2 "将奶油乳酪及糖打软"这个动作其实就是指均匀拌匀并呈无颗粒状的柔滑膏状。

蓝莓派 20厘米菊花派盘1个

【材料】

甜派皮（做法见P.228）
……………………………250克
低筋面粉……………………160克
泡打粉…………………1小匙
牛奶…………………130毫升
蛋黄…………………………30克
蛋清…………………………40克
无盐奶油……………125克
细砂糖（1）………………80克
细砂糖（2）………………25克
盐…………………1/4小匙
新鲜蓝莓……………200克

【做法】

1. 将甜派皮擀平呈0.4厘米厚，放入派盘内整形，松弛约15分钟后，隔纸压镇石，放入烤箱以上火200、以下火210℃烘烤约12分钟后，取出纸与镇石备用。

2. 将低筋面粉、泡打粉、盐一起过筛，放入一容器中，加入切成小块的冰凉无盐奶油及细砂糖（1），继续用刮刀一边混合一边切碎无盐奶油呈疏松状，即为酥皮；先取出其中的40克用保鲜膜包起，放入冰箱冷藏备用（见图1~3）。

3. 将剩余的做法2的材料分次加入蛋黄与牛奶拌匀。

4. 将蛋清用打泡器打发后，加入细砂糖（2）打至偏干性发泡，分2次加入做法3的材料中拌匀，即为内馅（见图4）。

5. 将内馅倒入派皮中约8分满，表面均匀撒上之前放在冰箱冷藏备用的40克酥皮与新鲜蓝莓，放入烤箱以上火180℃、下火200℃烤35~40分钟，至表面呈金黄色即可（见图5）。

小屋乳酪派 8寸1个

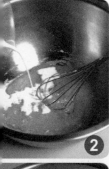

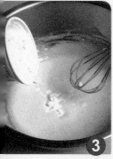

【基础泡芙】

甜派皮（做法见P.228）
····················250克
奶油乳酪·····················60克
卡特基乳酪·················120克
动物性鲜奶油···········120克
牛奶·························70毫升
蛋黄·····························2个
蛋清·····························2个
吉利丁片·························4片
细砂糖（1）·················25克
细砂糖（2）·················30克
消化饼干（压碎）·········3片

【做法】

1. 将甜派皮擀成0.4厘米厚，置入派盘中整形好，松弛约15分钟后，隔纸压镇石，放入烤箱以上火200℃、下火210℃烘烤约10分钟后，取出纸与镇石，继续烤3~5分钟至表面呈金黄色。

2. 鲜奶油打发后冷藏；吉利丁片泡冰水软化备用（见图1）。

3. 将蛋黄与细砂糖（1）一起拌匀，再加入牛奶拌匀，隔水加热至70℃左右，加入奶油乳酪继续隔水加热至溶化（见图2）。

4. 将泡软的吉利丁片挤干水分后，加入做法3的材料拌至溶化后，离火，加入卡特基乳酪拌匀，隔冰水降温至稍呈浓稠状（见图3）。

5. 蛋清打发后加入细砂糖（2），继续打至湿性发泡后，加入做法4的材料中，再将鲜奶油加入一起拌匀（见图4）。

6. 将做法5的材料倒在派皮上呈三角椎状，上面均匀洒满消化饼干屑，冷藏约4小时即可（见图5）。

乡村牛肉派 8寸1个

【材料】

咸派皮（做法见P.229）
················450克

【蛋黄液】

蛋黄················1个
水················少许

【内馅材料】

牛肉泥·········200克
洋葱丁·········80克
西芹·········30克
冷冻什锦蔬菜···50克
披萨乳酪丝·····30克
咖喱粉·········2大匙
玉米粉·········2大匙
胡椒粉·········少许
盐·········1小匙

【做法】

1. 取2/3的咸派皮擀成0.4厘米厚，置入派模中，切掉边缘多余的派皮，整形好松弛约15分钟。
2. 将全部内馅材料放入一容器中搅拌均匀后，放入派皮内。
3. 派盘上的派皮边缘四周涂抹上适量的蛋黄液。
4. 将剩余的派皮（做法1多余的派皮与剩余的1/3派皮结合在一起）擀平后，盖在做法3的派上。
5. 切掉边缘多余的派皮，四周用叉子压紧。
6. 表面擦上剩余蛋黄液后，用剪刀剪出气孔，放入烤箱以上火200℃、下火210℃烘烤25~30分钟即可。

新手看这里

　　冷冻什锦蔬菜是为了方便迅速使用，如果有时间，不妨准备些新鲜蔬菜，分别用盐水稍微烫煮后放凉，再一同拌入内馅材料中。切记要将水煮蔬菜放凉或用冰水冷却后再拌入内馅材料中，以免冷热材料合并造成细菌滋生的情况。

百里香三文鱼派 8寸1个

【材料】

咸派皮（做法见P.229）
·················· 250克
三文鱼 ·················· 200克
盐 ·················· 1.5小匙
胡椒粉 ·················· 1/2小匙
百里香 ·················· 1小匙

【蛋奶液】

鸡蛋 ·················· 2个
蛋黄 ·················· 1个
牛奶 ·················· 180毫升
鲜奶油 ·················· 180克
黑胡椒粉 ·················· 1/2小匙
盐 ·················· 1小匙
高筋面粉 ·················· 1大匙

【做法】

1. 将三文鱼以厨房纸巾或干净抹布轻轻擦干水分后，切成小块状，再与盐、胡椒粉、百里香一起腌至入味。
2. 将咸派皮面团擀成厚约0.4厘米的派皮，置入派模中，切掉边缘多余的派皮整形后，松弛约15分钟。
3. 以隔纸压镇石压在做法2的派皮上，放入上火200℃，下火210℃的烤箱中烤约10分钟后取出，将烤盘纸与镇石拿起备用。
4. 将蛋、蛋黄打散成蛋液，加入黑胡椒粉、盐、高筋面粉拌匀，再加入牛奶、鲜奶油拌匀成蛋奶液备用。
5. 将三文鱼块平均放在做法3的派皮底部，倒入蛋奶液至派盘的8分满处，再放入以上火180℃、下火180℃的烤箱中烘烤25~30分钟即可。

新手看这里

　　擀好的派皮会些微收缩，所以一定要让它松弛一下。派皮松弛可以避免遇热收缩过度的问题，口感也会更好，放压镇石就是这种效用。

洋葱虾仁派 8寸1个

【材料】

咸派皮（做法见P.229）250克、披萨乳酪丝适量

【内馅材料】

洋葱80克、虾仁120克、土豆丁30克、橄榄油适量、咖喱粉1.5大匙、黑胡椒粉少许、鸡粉少许、盐1/2小匙、水40毫升

【蛋奶液】

鸡蛋1个、高筋面粉1/2大匙、鲜奶油60克、牛奶30毫升、盐少许、黑胡椒粉少许

【做法】

1. 咸派皮面团擀成0.4厘米厚，放入派模中，切掉边缘多余的派皮整形后，松弛约15分钟。
2. 隔纸压镇石，放入烤箱以上火200℃、下火210℃烤约10分钟取出，将纸与镇石拿起后备用。
3. 洋葱洗净切丝；取一锅烧热后用少许橄榄油将洋葱丝炒软，再加入咖喱粉炒香（见图1）。
4. 再加入水、鸡粉煮沸后，加入虾仁、土豆丁、盐、黑胡椒粉拌匀放凉（见图3）。
5. 在一容器中将蛋打散后加入高筋面粉、黑胡椒粉、盐拌匀，再加入牛奶、鲜奶油拌匀成蛋奶液（见图2）。
6. 将做法4的内馅材料放入做法2的派皮中，铺平后撒上披萨乳酪丝（见图4~5）。
7. 再淋上蛋奶液后，放入烤箱以上下火180℃烘烤约30分钟至表面上色即可（见图6）。

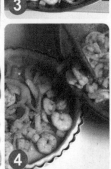

菠菜乳酪派

直径10厘米高、3.5厘米模型4个

【材料】

咸派皮（做法见P.229）
·····················350克
菠菜·······················80克
蘑菇·······················40克
奶油乳酪·················80克
牛奶····················60毫升
鲜奶油···················100克
鸡蛋························1个
蛋黄························1个
黑胡椒粉················1/2小匙
豆蔻粉··················1/8小匙
火腿（切末）·············4片
奶酪粉·····················适量
盐·························1小匙

【做法】

1. 将咸派皮面团擀成厚约0.4厘米的派皮，放入派模中，切掉边缘多余的派皮整形后备用。

2. 菠菜叶放入加了许多盐（分量外）的开水中煮软，即捞出泡入冰水中冷却，待冷时再从冰水中捞起，用手压干水分并切成细碎状；蘑菇洗净切小片备用。

3. 奶油乳酪打软后，分次慢慢加入蛋、蛋黄搅拌均匀，倒入牛奶、鲜奶油拌匀，再加入盐、黑胡椒粉、豆蔻粉拌匀。

4. 放入蘑菇片，最后加入切碎的菠菜、火腿末拌匀，即可倒在派皮上，表面撒上奶酪粉，放入烤箱以上火200℃、下火210℃烘烤30~35分钟即可。

新手看这里

蔬菜通常遇热都会出水，菠菜也不例外，所以这款派要注意的地方就是菠菜的水分要尽量沥干，以免造成菠菜乳酪馅太湿，影响烘烤后的口感。

海鲜派 小型派模6个

【材料】
起酥派皮（做法见P.230）300克、虾仁100克、鱼片60克、墨鱼圈60克、蛋黄酱60克、白胡椒粉少许、巴西里少许、盐1/2小匙

【蛋黄液】
蛋黄2个、水适量

【做法】
1. 将起酥派皮擀平后，用圆形模型压出12片后，取其中6片，用较前一圆型小一点的圆形模型压在中间，挖掉中间部分的派皮成为轮胎状。
2. 将6片圆形派皮四周刷上蛋黄液后，盖上轮胎状中空派皮，放入冰箱中冷藏松弛约15分钟。
3. 取出后在表面及四周再刷上剩余蛋黄液，放入烤箱上以上下火200℃烤约20分钟，烤好后取出备用。
4. 将虾仁、鱼片、墨鱼圈分别放入开水中汆烫至熟，取出放入冰水中冷却后沥干，拌入蛋黄酱、盐、白胡椒粉、巴西里调味，最后放入烤好的派皮中央即可。

新手看这里

重点1 在这里我们使用了白胡椒粉，是因为海鲜沙拉本身的材料及蛋黄酱多为白色，如使用黑胡椒粉会直接看到黑色细小颗粒，感觉不够雅致，所以这里我们取用白色胡椒粉。

重点2 材料中的鱼片建议采用鳕鱼或其他可以汆烫的，且肉质嫩不易碎的鱼去皮切片使用，另外虾仁需先用牙签清除肠泥；海鲜材料因煮熟所需时间不同，需分别汆烫，以免易熟材料最后变得过老。

大尺寸的派塔可与亲友一同分享，而迷你小巧的塔类点心，加上点缀美观可口的装饰，都散播着元气、洋溢着幸福，让人不禁食欲大增。想一窥这些做出美味的秘笈？现在就快快翻阅，将满满的精致点心全部一网打尽喔!

塔点美味的关键

关键1 塔模有多种尺寸，可依制作所需之大小，选择适合的塔模尺寸做成塔皮。

关键2 固定式塔模需先涂油撒粉再放入塔皮，以防止烘焙完成后沾粘，不易取出。

关键3 单烤塔皮时，6寸以上的塔皮，需压重物入炉烘烤，以防烤后膨胀。

关键4 制作蛋塔材料除使用全蛋外，还应增加蛋黄，是为了增加浓稠度，使蛋塔更富蛋香味。

原味塔皮

【材料】

高筋面粉…………75克
低筋面粉…………140克
奶粉…………10克
泡打粉…………2克
无盐奶油…………140克
糖粉…………75克
盐…………2克
鸡蛋…………43克
水…………10毫升

【做法】

1. 先将奶油置于室温中软化备用；高筋面粉、低筋面粉、奶粉、泡打粉一起过筛备用。
2. 将已过筛的糖粉、盐，做法1的奶油放入搅拌盆中，用电动打蛋器将奶油打发呈乳白色，分次加入蛋液和水，每次加入后都要充分搅拌均匀，使蛋液和水被充分吸收（见图1）。
3. 将做法1预先过筛的粉料倒在桌面上，用刮板挖出凹槽，取出做法2打发的奶油放在凹槽内，以按压的方式拌匀，最后整形成团，即为原味塔皮面团（见图2~4）。
4. 将塔皮面团视塔模大小，分割成适当等份，压平在涂油撒粉过的塔模内，松弛约15分钟（见图5~6）。
5. 将放在烤盘上放入烤箱，烤箱温度为上火180℃、下火190℃，烘焙15~20分钟，烤至上色即可。

本材料分量约可做：

★ 个人份 → 20个
★ 4寸 → 3个
★ 6寸 → 2.5个
★ 8寸 → 2个
★ 10寸 → 1.5个

备注：个人份塔模直径约为7厘米

蛋塔 1个人份5个

【材料】

原味小塔皮··（个人份）5个
（做法见P.247）

【内馅材料】

牛奶	400毫升
细砂糖	275克
盐	3克
鸡蛋	240克
蛋黄	100克
香草棒	1/2根

【蛋液】

鸡蛋	1个
水	少许

【做法】

1. 将内馅材料中的香草棒刮出内部种子，连同香草棒放入牛奶中，加入材料中的细砂糖、盐，以小火煮至快要沸腾时即关火，冷却备用（见图1~3）。

2. 取出香草棒，将蛋与蛋黄混合打匀，倒入冷却的牛奶中拌匀后过滤，将浮在上面的泡沫去除（见图4）。

3. 将做法2的内馅倒塔皮模型内，约8分满，放入烤箱（见图5~6）。

4. 烤箱温度为上火170℃、下火190℃，烤约20分钟即可。

新手看这里

制作布丁或蛋塔等产品时，需过滤掉残留杂质，使产品光滑细致，亦有去除气泡的作用。

甜味塔皮 约10个

【材料】

低筋面粉	210克
杏仁粉	25克
无盐奶油	145克
糖粉	80克
鸡蛋	40克
盐	1克
香草精	少许

本材料分量约可做：
★ 个人份 → 20个
★ 4寸 → 3个
★ 6寸 → 2.5个
★ 8寸 → 2个
★ 10寸 → 1.5个

备注：个人份塔模直径约为7厘米

【做法】

1. 先将奶油置于室温中软化备用；低筋面粉、杏仁粉一起过筛备用。
2. 将软化的奶油、已过筛的糖粉、盐一起放入搅拌缸中，用桨状拌打器搅拌至奶油颜色变白；分次加入蛋液，每次加入都要充分搅拌，使蛋液被充分吸收，以免油水分离。
3. 将做法1的粉料倒入拌匀，取出整形成团，压平放入塑料袋中，进冰箱中冷藏松弛至少6小时以上（见图1~2）。
4. 取出后擀成0.5厘米的厚度，放入塔模中，再用面团加强四周厚度，切掉高出塔模多余的部分（见图3~7）。
5. 上面放防沾纸，纸上压重物(米或豆子)，放入烤箱，烤箱温度为上火180℃、下火190℃，烤15~20分钟，烤至上色即可（见图8）。

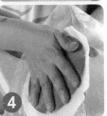
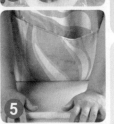
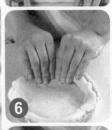

草莓塔 6寸1个

【材料】

6寸甜味塔皮 …………… 1个
法式布丁馅 …………… 适量
新鲜草莓 …………… 适量
杏桃果胶 …………… 适量

【做法】

1. 甜味塔皮做法请见P.249做法1~5。

2. 法式布丁馅做法请见P.251。

3. 将法式布丁馅倒入塔皮里面，上面摆上新鲜草莓，再涂上杏桃果胶装饰即可。

【材料】
原味小塔皮5个

【内馅材料】
溶化的巧克力适量、法式布丁馅适量、应季水果适量

【做法】
1. 原味塔皮做法请见P.247做法1~5。
2. 将烤好的塔皮涂抹上一层巧克力，放冷冻中冰藏，待巧克力冰硬后，将法式布丁馅装入平口挤花袋中，填装于塔内，上面装饰水果即可。

水果塔 1个人份5个

法式布丁馅

材料

低筋面粉11克、玉米粉8克、细砂糖45克、鸡蛋35克、牛奶200毫升、奶油15克、动物性鲜奶油125克

做法

先将低筋面粉、玉米粉一起过筛，与细砂糖、全蛋一起拌匀。牛奶、奶油煮滚，加入拌好的面糊快速拌匀，煮至胶凝状后离火。最后将动物性鲜奶油打至8分发后与上述布丁馅拌匀即可。

苹果塔 6寸1个

【材料】
6寸原味塔皮·····················1个

【内馅材料】
苹果1个、牛奶300毫升、无盐奶油14克
鸡蛋85克、细砂糖70克、盐2克、玉米粉35克

【装饰材料】
杏桃果胶适量

【做法】
1. 原味塔皮做法请见P.247做法1~4。
2. 制作布丁馅：玉米粉过筛备用。将糖、蛋、玉米粉拌匀。牛奶、奶油煮滚。将之前拌好的面糊倒入快速拌匀，煮至胶凝状后离火，倒入塔皮中抹平。
3. 将苹果洗净先切成两半，切薄片，排列于做法2的材料上，放入烤箱。
4. 烤箱温度为上火180℃、下火200℃，烘焙约35分钟。
5. 出炉，置于室温下冷却，涂杏桃果胶于表面。

起酥塔皮

约15个

【材料】

A.中筋面粉 ························· 210克
　细砂糖 ·························· 20克
　盐 ································ 3克
　鸡蛋 ···························· 35克
　水 ····························· 95毫升
B.无盐奶油 ························ 20克
　裹入油 ························· 110克

本材料分量约可做：

★ 个人份 → 20个

备注：个人份塔模直径约为
　　　7厘米

【做法】

1.将材料A全部放入搅拌缸中，用勾状拌打器搅拌成团（见图1）。

2.加入奶油继续搅拌，至奶油被吸收即可（见图2）。

3.将面团滚圆后，接口朝下，放入钢盆封上保鲜膜，松弛10~15分钟（见图3）。

4.在桌面撒上少许的高筋面粉，取出已松弛的面团，以按压的方式压出比裹入油面积大2倍的正方形（见图4~5）。

5.裹入油先整成正方形，放置于做法4面团的中央，将面团四角向中央折起拉拢，紧密包覆裹入油，接缝处捏紧，以防擀压时漏油（见图6）。

6.用擀面棍把面团先擀成长方形，再折3折，重复擀开折3折的动作3次。放入塑料袋中封好，松弛约30分钟（见图7）。

7.取出面团用擀面棍将面团擀薄。从中心往对侧、再从中心朝身体处移动擀平面皮（见图8）。

8.擀成薄厚度约0.3厘米之长方形，在整片面皮刷上一层少许的水，将面皮向内压紧开始卷，要卷紧一点，放入冰箱中冷冻约30分钟至冰硬（见图9~11）。

9.取出切成3厘米的厚片，用擀面棍擀成塔模的大小，放入塔模杯中，沿塔模捏均匀即可（见图12~13）。

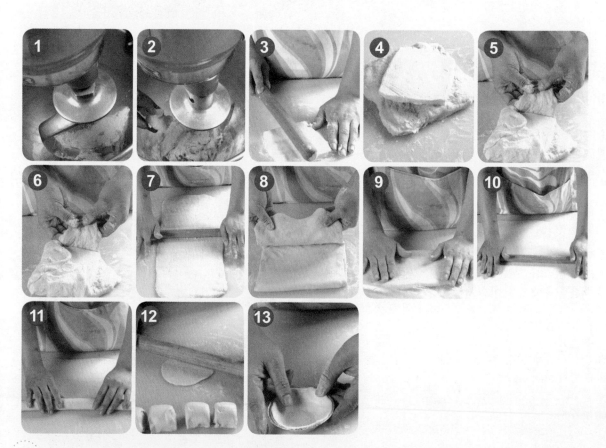

葡式蛋塔 1个人份5个

【材料】
起酥小塔皮（个人份）5个（做法见P.252）

【内馅材料】
牛奶200毫升、细砂糖65克、动物性鲜奶油200克、鸡蛋55克、蛋黄75克

【做法】
1. 牛奶、糖加热煮至糖溶化备用，将蛋和蛋黄打匀倒入牛奶中拌匀，加入鲜奶油拌匀后过滤，将浮在上面的泡沫去除。
2. 将内馅倒塔皮模型内，约8分满，放入烤箱。
3. 烤箱温度为上火220℃、下火200℃，烤焙13~15分钟即可。

准备篇
面包篇
土司篇
蛋糕篇
饼干篇
西式点心篇
中式点心篇

玉米火腿乳酪塔 8寸1个

【材料】

8寸原味塔皮 ·················1个
（做法见P.247）

【内馅材料】

奶油奶酪··················100克
动物性鲜奶油··········100克
牛奶···················100毫升
鸡蛋····················180克
盐 ························少许
玉米粒 ···················适量
火腿 (切碎) ·············适量
黑胡椒 ···················少许

【做法】

1. 牛奶、奶油奶酪隔水加热，煮至奶油奶酪溶化、没有颗粒，离火，待稍微降温后将盐和蛋倒入牛奶中拌匀，再加入鲜奶油拌匀备用（见图1~5）。
2. 将适量的玉米粒、火腿碎放入塔皮中，将内馅倒入塔皮模型内，约8分满，再撒上黑胡椒，放入烤箱（见图6~8）。
3. 烤箱温度为上火170℃、下火180℃，烘烤15~20分钟即可。

南瓜塔 `8寸1个`

【材料】
8寸甜味塔皮1个、
南瓜泥适量

【做法】
1. 甜味塔皮做法请见P.249做法1～4；将南瓜泥倒入塔皮中放入烤箱。
2. 烤箱温度为上火180℃、下火200℃，烘烤约50分钟，待塔拿出时中心不再晃即可。

南瓜泥

材料

罐头南瓜泥150克、三花奶水50克、细砂糖100克、蛋液60克、盐1克、肉桂少许、豆蔻粉少许、姜母粉少许、丁香粉少许

做法

先将蛋液打散，加入罐头南瓜泥、糖、盐、肉桂、豆蔻粉、姜母粉和丁香粉混合拌匀，然后慢慢加入奶水拌匀，即完成。

备注 使用新鲜的南瓜时，将新鲜南瓜连皮蒸熟，再用汤匙挖出蒸烂的南瓜泥，便可代替罐头南瓜馅。

坚果塔 6寸1个

【材料】

6寸原味塔皮1个

【内馅材料】

细砂糖85克、蜂蜜100毫升、鲜奶油40克、奶油20克、什锦坚果300克

【做法】

1. 原味塔皮做法请见P.247做法1~5。

2. 将细砂糖、蜂蜜、鲜奶油放入铜锅，以小火慢慢煮至118℃，颜色变成牛奶糖颜色（可以用坚果沾牛奶糖来测试，可拉出1厘米的粘丝即可）；迅速拌入坚果，将所有的坚果裹上牛奶糖。趁热将坚果馅倒入塔皮中，将表面整形，即可。

核桃塔 8寸1个

【材料】

8寸原味塔皮 ………… 1个
（做法见P.247）

【内馅材料】

细砂糖 ……………… 87克
蜂蜜 ……………… 97毫升
鲜奶油 ……………… 40克
奶油 ……………… 21克
核桃 ……………… 306克

【做法】

1. 将内馅中所有材料（除核桃外）全放入铜锅，以小火慢慢煮至118℃，颜色变成牛奶糖颜色（可以用核桃沾牛奶糖来测试，若可拉出1厘米的粘丝，即表示完成）；迅速拌入核桃，将所有的核桃裹上牛奶糖，等到所有核桃拌匀后，趁热将坚果馅倒入塔皮中，将表面整形，放入烤箱（见图1~6）。

2. 烤箱温度以上下火200℃，烘焙20~25分钟。

巧克力香蕉塔 8寸1个

【材料】

8寸原味塔皮1个、香蕉1根

【巧克力糊】

苦甜巧克力125克、牛奶250毫升、鸡蛋125克、细砂糖30克

【香蕉鲜奶油】

动物性鲜奶油125克、细砂糖30克、香蕉泥适量、柠檬汁适量、朗姆酒少许

【装饰材料】

溶化的苦甜巧克力适量

【做法】

1. 原味塔皮做法请见P.247做法1～5。

2. 制作巧克力糊：将苦甜巧克力切碎，加入牛奶中隔水加热，使巧克力溶化。蛋加入细砂糖，加入巧克力牛奶中拌匀（见图1～2）。

3. 香蕉切成0.5厘米的厚片，排入塔皮中，再倒入做法2的巧克力糊，放入烤箱以上下火180℃，烘焙约20分钟，取出放凉（见图3～4）。

4. 制作香蕉鲜奶油：将鲜奶油及细砂糖打至8分发，将香蕉泥、柠檬汁、朗姆酒加入拌匀即可、放冰箱中冷藏2～3小时备用。

5. 将做法4的香蕉鲜奶油抹平于做法3的材料上，最后用溶化的巧克力划线条，作为装饰即可（见图5～6）。

蓝莓乳酪慕斯塔 8寸1个

【材料】

8寸甜味塔皮………1个
蓝莓慕斯酱………适量
蓝莓………………适量
红醋……………适量
薄荷叶…………少许

【做法】

1. 甜味塔皮做法请见P.249做法1~5。

2. 将蓝莓慕斯酱倒入塔皮内，上面摆上蓝莓、红醋栗，再以薄荷叶装饰，最后放入冰箱冷藏2~3小时即可。

蓝莓慕斯酱

材料

奶油乳酪100克、细砂糖20克、柠檬汁20毫升、吉利丁4克、冷开水25毫升、动物性鲜奶油200克、蓝莓罐头1罐

做法

1. 吉利丁与配方外的冷开水泡软。

2. 奶油乳酪、冷开水隔水加热煮至溶化。加入细砂糖拌匀，趁热加入泡软的吉利丁拌匀，再加入柠檬汁拌匀。

3. 将动物性鲜奶油打至8分发与做法2的材料拌匀，加入沥干水分的蓝莓拌匀。

259

舒芙蕾

Souffle，有人将它音译为舒芙蕾；也有人意译为蛋奶酥。它在中国并不是一种很普及的甜点，可能是因为耗时又耗工。而烤好的舒芙蕾更是必须分秒必争地送至餐桌上供人品尝，否则在短短不到1分钟内就会开始塌陷。制作舒芙蕾看似困难，不过它所使用的材料却非常简单，主要是以鲜奶、无盐奶油和蛋黄等材料，制作出蛋奶酱，再以打发的蛋清和蛋奶酱混合，利用蛋清使舒芙蕾膨胀出优雅的外观，最后再撒上糖粉就是一道完美的成品啰！

传统原味舒芙蕾 约10个

【蛋奶酱材料】

全脂鲜奶A	1000克
无盐奶油	125克
细砂糖A	125克
蛋黄	12个
细砂糖B	125克
玉米粉	125克
全脂鲜奶B	250克
香草精	少许

【舒芙蕾材料】

蛋奶酱	1500克
蛋清	1000克
细砂糖	300克
防潮糖粉	适量

Part 1

制作舒芙蕾的第一步
基础蛋奶酱

蛋奶酱的材料简单，只要在制作过程中细心注意每个环节就能成功地煮出含有浓郁奶香的基础蛋奶酱。它是舒芙蕾的基底，学会了蛋奶酱的煮法，也可以衍生出更多口味的变化了。

① 将蛋奶酱材料中的全脂鲜奶A、无盐奶油以及细砂糖A放入锅中，煮至滚沸后熄火。

② 将蛋奶酱材料中的玉米粉和细砂糖B混合拌匀。

③ 取蛋奶酱材料中约2/3的全脂鲜奶B加入拌匀。

④ 将蛋黄加入拌匀，接着将剩余的1/3全脂鲜奶B加入拌匀。

⑤ 滴入香草精。

⑥ 最后将做法1的材料冲入拌匀。

⑦ 以中火煮至面糊冒泡，过程中需不停搅拌以避免烧焦，煮至面糊冒泡后即可熄火，起锅后待冷却备用。

Part 2

制作舒芙蕾的第二步
蛋清的打发程度

蛋清打发程度将决定舒芙蕾的口感好坏。而蛋清要打得好，一定要用干净的容器，容器中不能沾到油或水，蛋清中更不能夹有蛋黄或蛋壳，否则就会打发不起来。而且要将蛋清打至起泡后才能慢慢加糖，如果事先就将糖放入会很难打好蛋清，而且一定要打得很均匀，做出的成品质地才会细致。

① 准备一个干净的钢盆，将内外确实擦拭干净。

② 取舒芙蕾材料中的蛋清放入钢盆中，切勿混杂着蛋黄或蛋壳。

③ 将蛋清顺着同一方向打发至接近湿性发泡时，加入舒芙蕾材料中的细砂糖继续打发。

打发过头的蛋清

过度打发的蛋清泡沫硬挺，用打蛋器挑起雪白泡沫，即竖立而尖端勾垂，此时体积为原蛋液之5~6倍。若再继续打发，蛋清就会失去弹性，变成像棉花般的碎块状。

④ 将蛋清打至细小泡沫愈来愈多，成为如同鲜奶油般的雪白泡沫时，将打蛋器举起，蛋清泡沫仍会自打蛋器上垂下，即为湿性发泡。

完成舒芙蕾的最后步骤
涂抹均匀的
奶油和细砂糖

在掌握了蛋奶酱与打发蛋清的方法后，对于制作出优雅的舒芙蕾，你已经成功了一半。紧下来跟着下面的步骤，就可以烘烤出漂亮的法式舒芙蕾啰！

① 取1500克完成的蛋奶酱和打发的蛋清混合拌匀。

② 将舒芙蕾烤杯模内面均匀涂抹上奶油（烤杯内面底部不需抹奶油）。

③ 奶油的舒芙蕾烤杯倒进细砂糖后，烤杯倾斜75度一边转圈，让细砂糖可以布满杯内，再将多余的细砂糖倒出。

④ 将步骤1的材料，倒入烤杯模中。

⑤ 填好馅料的烤杯以抹刀抹平表面，重复上述步骤至材料用完为止。

⑥ 将完成的舒芙蕾置于有深度的烤盘中，加入高度到烤杯模1/3高的水量。

⑦ 将烤盘放入预热好的烤箱中以上火230℃、下火190℃隔水烤25~30分钟。

⑧ 取出烘烤完成的舒芙蕾后，立即撒上防潮糖粉即可。

舒芙蕾淋酱

除了品尝传统原味舒芙蕾的最初单一口感外，喜欢尝鲜的你还可以淋上自制的淋酱，
除了可以增加口味变化外，更可体验美食的多变和趣味 。

桑葚酱

【材料】

桑葚果泥·················· 400克
细砂糖····················· 200克
杏桃酱····················· 200克

【做法】

桑葚果泥和细砂糖倒入锅中，开中火煮至60℃，再加入杏桃酱并以木勺拌匀后熄火即可。

芒果酱

【材料】

芒果果泥·················· 400克
细砂糖····················· 200克
杏桃酱····················· 200克

【做法】

将芒果果泥和细砂糖倒入锅中，开中火煮至60℃，再加入杏桃酱并以木勺拌匀后熄火即可。

百香果酱

【材料】

百香果泥·················· 400克
细砂糖····················· 200克
杏桃酱····················· 200克
香果籽····················· 适量

【做法】

将百香果果泥和细砂糖倒入锅中，开中火煮至60℃，加入杏桃酱以木勺拌匀，再加入百香果籽拌匀后熄火即可。

香草酱

【做法】

1. 将全脂鲜奶、动物性鲜奶油和香草精倒入锅中，以中火不停搅煮至滚沸后熄火。

2. 取蛋黄和细砂糖打发至乳白色后，将做法1的材料加入略拌匀，再倒回做法1的锅中，开中火以木勺搅拌煮至85℃，呈浓稠状时，即可熄火待冷却备用。

【材料】

全脂鲜奶500克、动物性鲜奶油500克、香草精少许、蛋黄8个、细砂糖200克

准备篇

面包篇

土司篇

蛋糕篇

饼干篇

西式点心篇

中式点心篇

NG1

外型塌陷或膨胀不完全

若没有将奶油和细砂糖均匀地涂抹在舒芙蕾的烤杯模中，将会导致烘烤过程中舒芙蕾无法顺利膨胀出美美的外型。而有时膨起的外型不完全，则是因为烤杯模中的奶油和细砂糖没涂抹均匀，所以造成内馅被挤压出烤模外或烤出外形歪斜的成品。如此一来可是会让品尝者对成品大打折扣的。

舒芙蕾制作失败原因大剖析

舒芙蕾的制作并没有想象中困难，不过每一个小环节中都要确实做到。因为若有丝毫的不注意，就会造成烘烤出来的舒芙蕾失败。接下来我们就来看看制作舒芙蕾时常见的两大失败原因吧！

NG2

内部口感不够滑嫩

制作舒芙蕾时，若蛋清过度打发成硬性蛋清，虽然烘烤出的舒芙蕾外表看不出有何异状，但只要品尝就会发现口感并没有这么松软湿润、好入口。

中|式|点|心|篇

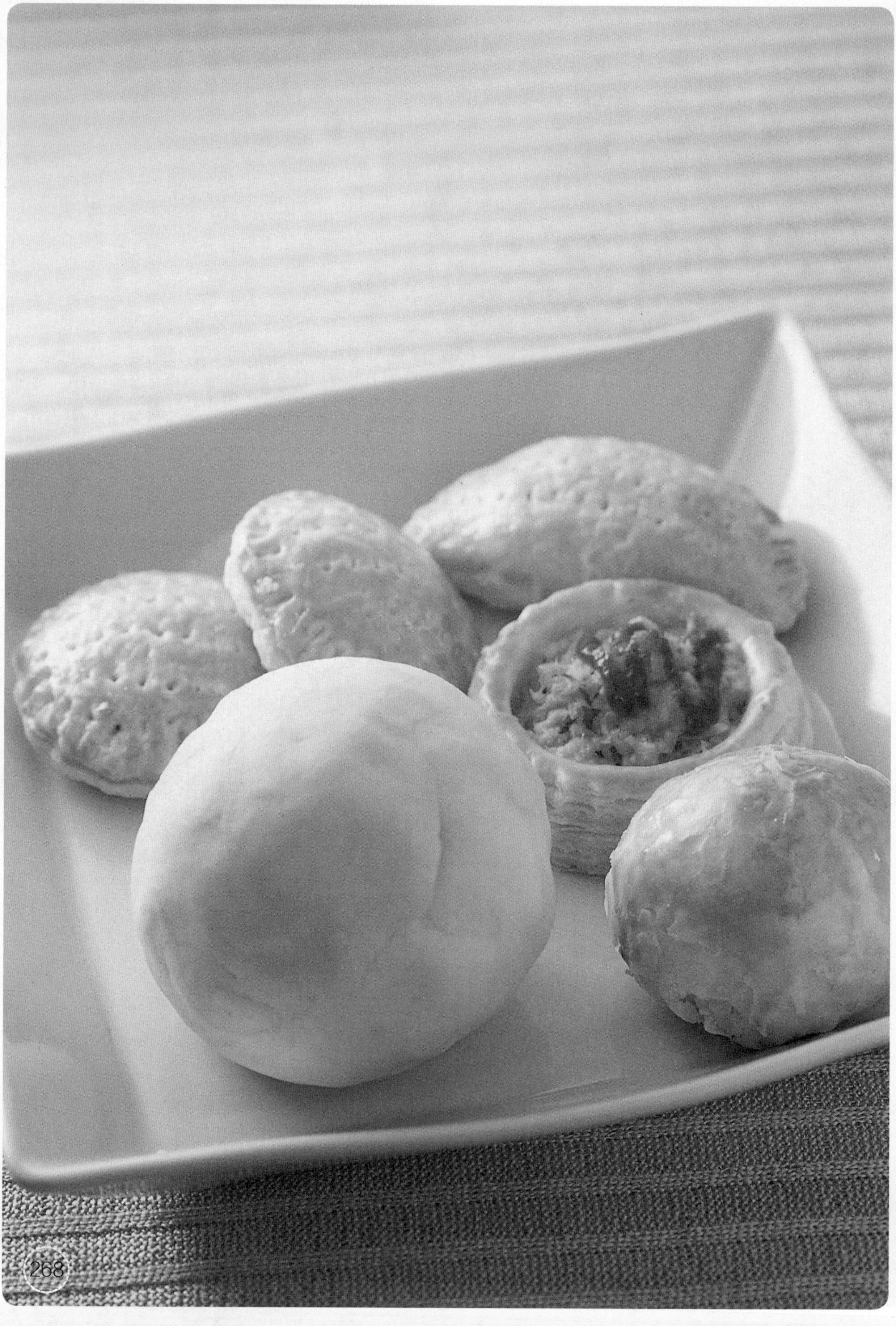

中式酥饼包法1—大包酥

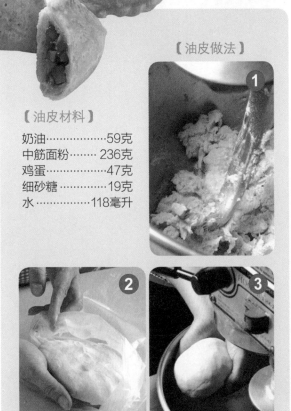

【油酥材料】

低筋面粉········ 270克
白油············ 270克
玛其琳·········· 190克

【做法】

1. 将奶油置于室温下，使之软化备用。

2. 将所有油皮材料（含做法1奶油）放入搅拌缸内，拌打至面团呈光滑状，再以塑料袋包好，在室温下静置松弛20~30分钟。

3. 将油酥材料内的低筋面粉过筛，和白油、玛其琳拌匀后，放入塑料袋内整形成方形，再置入冰箱冷藏约30分钟备用（见图1~4）。

4. 将做法2的油皮整形成方形，四角向外拉，中间包入做法3的油酥，四角再由外向中间接合，并捏紧接口（见图5~6）。

5. 将做法4的油酥皮擀长，折成3折后，重复擀开，再重复折叠的动作共3次（见图7~8）。

6. 放入塑料袋内，再置入冰箱中冷藏松弛约30分钟（中间如不易擀开时，需先松弛15~20分钟再擀，注意不要让面团表面结皮）。

7. 取出松弛好的油酥皮，擀成0.8~1厘米之厚度，即可压模包馅（见图9）。

备注 将油酥面团放入塑料袋后，可在塑料袋的一角剪小洞，将空气推出，以便整出所需的大小及形状。

【油皮材料】

奶油············ 59克
中筋面粉········ 236克
鸡蛋············ 47克
细砂糖·········· 19克
水·············· 118毫升

【油皮做法】

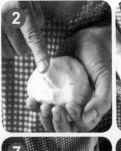

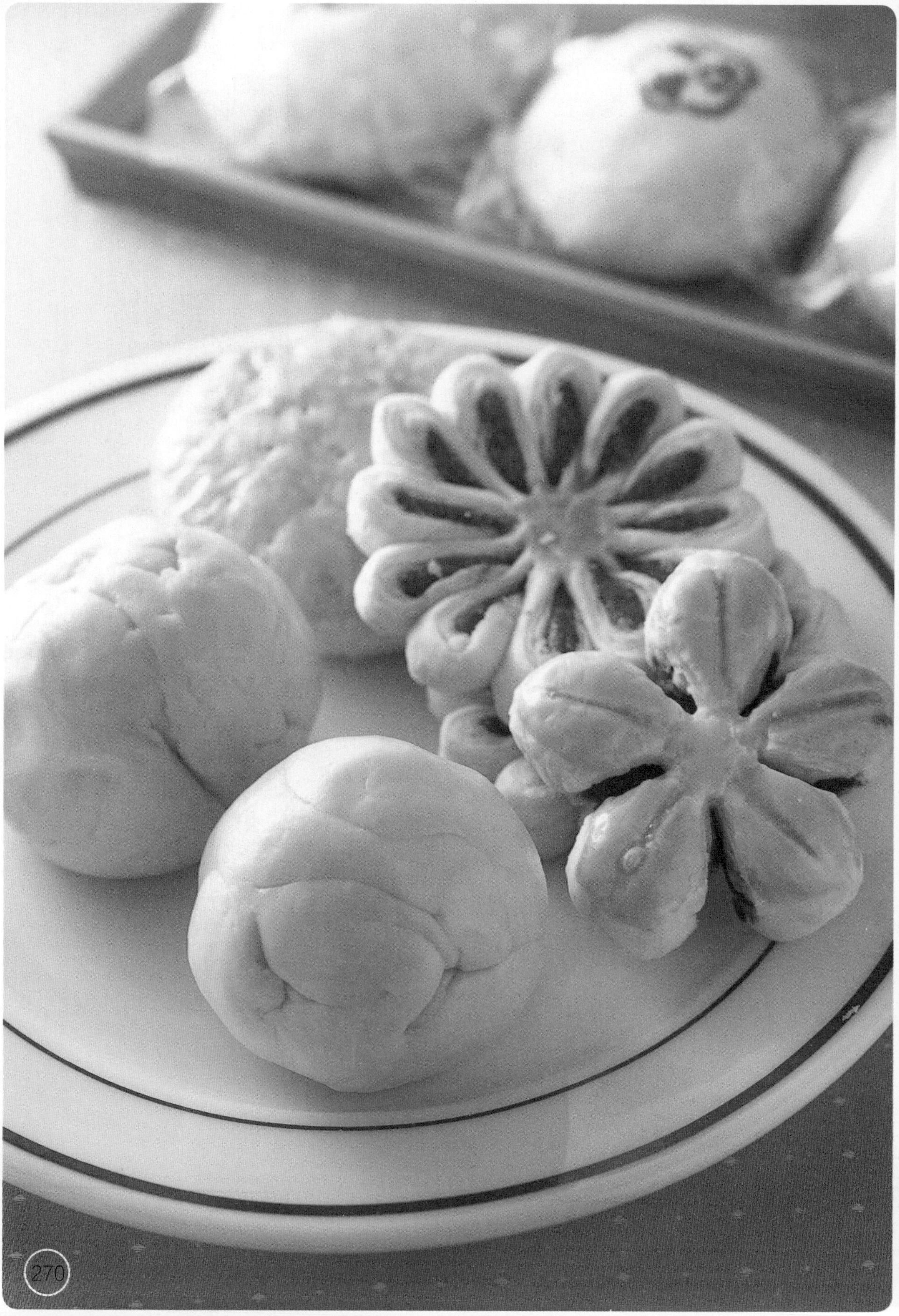

中式酥饼包法2—小包酥

【油皮材料】

奶油·················59克
中筋面粉·······236克
鸡蛋·················47克
细砂糖···········19克
水·················118毫升

【油皮做法】

【油酥材料】

低筋面粉·······260克
奶油···············130克

【做法】

1. 将油皮材料内的所有粉类过筛。
2. 将做法1所有材料放入搅拌缸内，先以慢速搅拌至无干粉状，再转中速搅拌至面团呈光滑状（见图油皮做法1）。
3. 将面团以塑料袋包好，在室温下静置松弛20~30分钟（见图油皮做法2~3）。
4. 将松弛好的油皮分割成30个备用。
5. 将油酥材料内的低筋面粉过筛，再和奶油搅拌成团，至不粘手，软硬度需和油皮一样（见图1~2）。
6. 将做法5的油酥分割成30个备用（见图3）。
7. 取一油皮包油酥，收口朝上，压扁擀成牛舌状后卷起，在室温下静置松弛约15分钟（见图4）。
8. 取擀卷松弛好的面团，接口朝上，压扁后再加以擀长，卷起呈圆筒状，在室温下静置松弛约15分钟（见图5）。
9. 取松弛好的面团，接口朝上，以大拇指按压中间，再以手指从对角向中间收成圆形（见图6~7）。
10. 将面团收口朝下，以擀面棍擀成圆形。
11. 将馅料放在做法10擀好的面皮中间，将面皮往中间收，再利用虎口将收口捏紧，即可（见图8）。

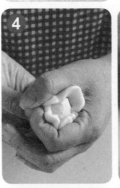

酥·饼·制·作 Q&A

你对酥饼的制作有充分的了解吗？还有哪些问题可能正困扰着你？以下让我们一一为你解答。

Q1 如何判断酥饼熟了没？

A 要判断酥饼熟了没，方法其实很简单，可以用手指轻捏酥饼的两侧，按压下去若有层次感，且摸起来有些酥硬，即表示酥饼已熟透，这时就可出炉。

Q2 如何增加酥饼表面的美观？

A 酥饼要美观，可以使用2个全蛋加入1个蛋黄，搅拌均匀后过筛，即可刷在面团上，增加酥饼表面的色泽。或可在蛋液中加入1~2滴酱油，搅拌均匀后过筛，刷在面团上，更能增加酥饼的色泽。

Q3 没吃完的酥饼，该如何保存？

A 一般来说，酥饼置于室温下可保存2~3天。若短时间内吃不完，则可将酥饼装入塑料袋里，放在冰箱中冷藏或冷冻，食用前，将酥饼取出使之完全解冻后，再放入烤箱以150℃烤15~20分钟（依酥饼大小适当调整时间和温度，若酥饼较小，烤箱温度可略高于150℃；若酥饼较大，烤箱温度则应低于150℃）。

Q4 一般制作油酥，最常使用哪些油？

A 制作油酥，最常使用的油包括猪油、酥油、奶油、白油等，可依据不同种类的酥饼特色来选择油脂。其中以猪油的延展性最佳，容易与油皮融合，所制作出来的饼皮较具有疏松感及层次感。至于白油色白，没有香味，制作素饼时，可以选择使用白油；若饼皮不想着色，像是制作绿豆饼时，就可选用猪油和白油。酥油及奶油色泽偏黄，具有香味，若饼皮想要上色好看，像蛋黄酥，就可选择这两种油来使用。此外，较不建议使用液体油制作，所做成的面皮较无层次感且口感较差。另外一提的是，这些油脂均可混合使用，但建议一种饼不要混合超过2种油脂，以免酥饼风味过于复杂。

Q5 烤酥饼时，若发现饼未熟，但表面已上色，这时该如何处理？

A 此时可将上火转小至100℃，或干脆将上火关掉，并在酥饼上方盖一张烘焙用的白报纸阻隔热度即可。

蛋黄酥 约15个 （小包酥做法见P.270~271）

【油皮材料】
中筋面粉········150克
奶油·············50克
细砂糖············3克
水··············65毫升

【油酥材料】
低筋面粉········130克
奶油·············50克

【内馅材料】
市售豆沙········450克
咸蛋黄·············8个

【其他材料】
黑芝麻············少许
蛋黄···············2个
蛋清············1/3个

【做法】

1. 咸蛋黄以盐水洗净后，喷上米酒去腥，放入烤箱，以上下火180℃烤至表面变色；放凉后，一切为二。

2. 将豆沙馅分割为15个，分别包上半颗做法1的咸蛋黄备用。

3. 取一个擀卷松弛好的油酥皮，擀成圆形，包入做法2的馅料，再以虎口捏紧收口。

4. 将蛋黄、蛋清拌匀过筛后，刷在蛋黄酥上，上面以黑芝麻装饰。

5. 放入烤箱，炉温上火200℃、下火180℃，烤约30分钟，即完成。

芋头酥 约20个

【油皮材料】

A.中筋面粉⋯⋯⋯⋯182克
　奶油⋯⋯⋯⋯⋯⋯68克
　糖粉⋯⋯⋯⋯⋯⋯22克
　水⋯⋯⋯⋯⋯⋯75毫升
B.芋头酱⋯⋯⋯⋯⋯适量

【油酥材料】

低筋面粉⋯⋯⋯⋯⋯167克
奶油⋯⋯⋯⋯⋯⋯83克

【内馅材料】

市售芋头馅⋯⋯⋯700克

【做法】

1. 将油皮材料A放入搅拌缸内拌至均匀。
2. 加入油皮材料B，拌打至面团呈光滑状，再以塑料袋包好，在室温下静置松弛20~30分钟。
3. 将油酥材料放入搅拌缸内，混合搅拌至与油皮相同之软硬度。
4. 将做法2的油皮分割成每个35克，做法3的油酥分割成每个25克备用。
5. 油皮包油酥，收口朝上，擀长呈牛舌状后，折成3折；再擀长卷起呈圆筒状，松弛约20分钟（见图1~4）。
6. 将芋头馅分割成20个备用。
7. 取一擀卷松弛好的油酥皮，从中间切开，切口朝上，擀成圆形后，包入做法6的内馅，以虎口收口整形后，置于烤盘上，再放入烤箱，炉温为上火150℃、下火180℃，烤25~30分钟，即完成（见图5~8）。

绿豆凸 约16个 （小包酥做法见P.270~271）

【油皮材料】
中筋面粉⋯⋯⋯217克
糖粉⋯⋯⋯⋯⋯9克
猪油⋯⋯⋯⋯⋯87克
盐⋯⋯⋯⋯⋯⋯1克
水⋯⋯⋯⋯⋯87毫升

【油酥材料】
低筋面粉⋯⋯⋯213克
奶油⋯⋯⋯⋯⋯107克

【内馅材料】
市售绿豆沙馅·880克
肉燥馅⋯⋯⋯⋯240克

【其他材料】
食用红色色素⋯少许

【做法】
1. 先将奶油置于室温软化备用；高筋面粉、低筋面粉、奶粉、泡打粉一起过筛备用。
2. 将已过筛的糖粉、盐，做法1的奶油放入搅拌盆中，用电动打蛋器将奶油打发呈乳白色，分次加入蛋汁和水，每次加入都要充分搅拌均匀，使蛋液和水被充分吸收（见图1）。
3. 将预先过筛的粉料倒在桌面上，用刮板挖出凹槽，取出做法2打发的奶油放在凹槽内，以按压的方式拌匀，最后整形成团，即为原味塔皮面团（见图2~4）。
4. 将塔皮面团视塔模大小，分割成适当等份，压平在涂油撒粉过的塔模内，松弛约15分钟（见图5~6）。
5. 放在烤盘上放入烤箱，烤箱温度为上火180℃、下火190℃，烘焙15~20分钟，烤至上色即可。

肉燥馅

材料

猪肉泥190克、油葱酥57克、酱油4克、细砂糖4克、盐4克、胡椒粉4克、熟白芝麻38克

做法

起油锅，将猪肉泥炒至变色，加入油葱酥及酱油、细砂糖、盐、胡椒粉拌炒至收汁，最后加入熟白芝麻拌匀，放凉备用。

准备篇
面包篇
土司篇
蛋糕篇
饼干篇
西式点心篇
中式点心篇

苏式月饼 约20个（小包酥做法见P.270~271）

【油皮材料】
高筋面粉95克、低筋面粉63克、糖粉16克
猪油63克、水63毫升

【油酥材料】
低筋面粉200克、奶油100克

【内馅材料】
核桃70克、市售枣泥馅830克

【其他材料】
食用红色色素少许

【做法】

1. 将核桃洗净、烤熟，和枣泥馅拌匀，分割成20个备用。
2. 取一擀卷松弛好的油酥皮，擀成圆形后，包入做法1的馅料，再以虎口捏紧收口。
3. 整形成圆球形，用手稍压扁，中间以大拇指压凹，盖上印章，正面朝下，置于烤盘上。
4. 放入烤箱，炉温为上火180℃、下火190℃烤至上色后，翻面再烤至侧面按压起来酥松有层次感，共需25~30分钟，即完成。

太阳饼 约12个
（小包酥做法见P.270~271）

【油皮材料】
中筋面粉188克、糖粉20克、猪油50克、色拉油27毫升、水75毫升

【油酥材料】
低筋面粉120克、奶油60克

【麦芽糖馅料】
糖粉98克、麦芽糖23克、奶油23克、低筋面粉30克、水6毫升

【做法】

1. 先将麦芽糖馅料的粉类过筛，再和其他材料搅拌成团。
2. 将做法1的麦芽糖馅各分割成12个备用。
3. 取一擀卷松弛好的油酥皮，擀成圆形，包上麦芽糖内馅后，收口朝下，以手稍压扁，用擀面棍擀成直径10厘米之扁圆形即可。
4. 将做法3的成品在室温下静置松弛20~30分钟。
5. 放入烤箱，炉温为上火170℃、下火190℃，烤至两侧捏起来有层次感，烤20~25分钟，即完成。

老婆饼 约15个 （小包酥做法见P.270~271）

【油皮材料】

中筋面粉236克、猪油94克、细砂糖24克、盐1克、水95毫升

【油酥材料】

低筋面粉150克、猪油75克

【内馅材料】

A. 奶油60克、水28毫升

B. 糖粉252克、糕仔粉76克

C. 麦芽糖84克

【其他材料】

鸡蛋2个、蛋黄1个

【做法】

1. 将内馅材料A煮至奶油完全溶化，放凉至50℃左右备用。

2. 将B料粉类先过筛，再和C材料一起拌匀。

3. 将做法1的材料倒入做法2的材料中拌匀，放凉后，置入冰箱中冷藏约30分钟备用。

4. 将做法3的材料分割成15个备用。

5. 取一擀卷松弛好的油酥皮，擀成圆形后，包入做法4的馅料，再以虎口捏紧收口。

6. 压扁后擀成直径约10厘米之圆形。

7. 将蛋、蛋黄拌匀过筛，刷在圆饼表面上，再以叉子戳上小洞。

8. 放入烤箱，炉温为上火220℃、下火180℃，烤20~25分钟，即完成。

土菠萝酥 约10个

【材料】

A

奶油	210克
糖粉	60克
盐	3克
奶粉	24克
奶酪粉	12克
炼乳	48克
蛋黄	2个（约40克）
低筋面粉	300克

B

新鲜土菠萝（去皮）	600克
二砂糖	100克
麦芽糖	150克

【做法】

1. 于钢盆中加入奶油、过筛后的糖粉、盐后搅拌均匀，再分次加入蛋液，搅拌均匀后，加入炼乳、奶酪粉、奶粉搅拌均匀。

2. 加入过筛后的低筋面粉，搅拌均匀，盖上保鲜膜，静置30分钟，即成酥皮面团备用。

3. 将土菠萝刨丝，放入锅中，加入二砂糖、麦芽糖后，开大火煮，一边均匀搅拌，煮至起泡。

4. 转中火，捞去浮沫，继续搅拌材料至浓稠为止，放凉即成土菠萝馅备用。

5. 选择要使用的模具，取足量的做法2的酥皮面团压入模内至满，再取出面团秤出重量，即为菠萝酥的总重量（见图1）。

6. 菠萝酥总重量除以2，即为每个菠萝酥酥皮面团及内馅需要的重量(皮：馅 = 1：1)。

7. 将每个菠萝酥酥皮需要的重量乘以要做的数量后，即为总酥皮重量。将秤好的酥皮面团揉成长条，分割成要做的等份，即为每个菠萝酥所需皮的分量（见图2~4）。

8. 再将每个菠萝酥内馅需要的重量乘以要做的数量后，即为总内馅重量。将秤好的内馅揉成长条，分割成要做的等份，即为每个菠萝酥所需内馅的分量（见图5~7）。

9. 取一份做好的酥皮面团，揉圆后压扁，取一份做好的馅料，揉圆后放于压扁的面皮上，将面皮沿着馅料往上包覆至收口，压入烤模中压实压平，并放在烤盘上（见图8~9）。

10. 以上火150℃、下火150℃，烤约10分钟至表面呈金黄后翻面，续烤10~15分钟，至表面呈金黄即可，实际分钟数依照烤箱状况和菠萝酥颜色呈现而定。

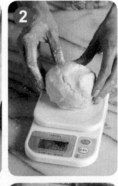

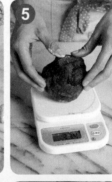

菠萝酥酥皮总重量算法：
将酥皮面团填满烤模后，取出秤重除以2，再乘上要做的数量。

菠萝酥内馅总重量算法：
同酥皮总重量。(菠萝酥酥皮与内馅重量比为1：1)

芝麻喜饼 约6个

【油皮材料】
中筋面粉360克、细砂糖72克、猪油144克、水144毫升

【内馅材料】
A.细砂糖250克、麦芽糖50克、盐2克、熟面粉200克、奶油75克、奶粉25克、碎肥肉250克、熟白芝麻25克、葡萄干38克、奶水75毫升
B.咸蛋黄75克、冬瓜糖375克

【其他材料】
白芝麻200克

【做法】
1. 将油皮材料搅拌至光滑，放入塑料袋内松弛约30分钟备用。
2. 将咸蛋黄烤至表面干燥变色，切成大块；冬瓜糖切小丁备用。
3. 将内馅材料A拌匀，再加入做法2的材料拌匀成团，分割成6个备用。
4. 将松弛好的油皮分割成6个，包入做法3内馅，压扁后，擀成扁圆形，于表面刷水，并沾上白芝麻，正面朝下，在底部戳洞，置于烤盘上。
5. 放入烤箱，炉温为上火200℃、下火220℃，烤至芝麻上色，再翻面，续烤至表面呈金黄色即可，需30~35分钟。

叉烧酥 约12个 （大包酥做法见P.268~269）

【油皮材料】

中筋面粉236克、奶油59克、蛋液47克、细砂糖19克、水118毫升

【油酥材料】

低筋面粉270克、白油270克、玛其琳190克

【内馅材料】

叉烧馅360克

【做法】

1. 取一擀卷松弛好的油酥皮，擀成0.8~1厘米之厚度，压模后包入叉烧馅，并于面皮边缘涂上蛋液，压紧后，整型成饺子状，置于烤盘上。

2. 在做法1表面刷上蛋液，再以叉子戳上小洞。

3. 放入烤箱，炉温为上火220℃、下火200℃，烤15~20分钟，即完成。

叉烧馅

 材料

叉烧肉250克、洋葱100克、酱油15毫升、蚝油15毫升、细砂糖5克、食用油适量、水100毫升、水淀粉适量

 做法

1. 将叉烧肉、洋葱切成丁状备用。

2. 起油锅，放入洋葱丁炒香，再加入叉烧肉拌炒均匀。

3. 酱油、蚝油、细砂糖等调味料以水拌匀后，加入锅中煮至入味，最后以水淀粉勾芡，放凉即可。

281

金枪鱼馅

（材料）

金枪鱼罐头180克、洋葱60克、黑胡椒粉6克、沙拉酱25克、盐3克

（做法）

1. 将洋葱切末备用。
2. 将金枪鱼罐内多余的油脂滤掉，取出金枪鱼肉拌开呈散状，加入洋葱末及其他材料拌匀，即完成。

金枪鱼酥盒 约10个 （大包酥做法见P.268~269）

【油皮材料】
中筋面粉236克、奶油59克、蛋液47克、细砂糖19克、水118毫升

【内馅材料】
金枪鱼馅250克

【油酥材料】
低筋面粉270克、白油270克、玛其琳190克

【其他材料】
蛋黄2个、蛋清1/3个、番茄酱适量

【做法】

1. 取一擀卷松弛好的油酥皮，擀成0.8~1厘米的厚度，再取大小相差1厘米左右之圆形菊花模，先压出大的圆形面皮，再将一半的面皮，以小的圆模压成中空之圆形面皮备用。
2. 取做法1一片大的面皮，于面皮边缘涂上蛋液，再取另一中空面皮覆盖在上面，略微压紧，于中间填上金枪鱼馅，边缘刷上蛋液，置于烤盘上。
3. 放入烤箱，炉温为上火220℃、下火200℃，烤15~20分钟。
4. 出炉后，在金枪鱼馅上挤上番茄酱装饰即可。

烘焙材料
做料理篇

起酥皮

★ **原始用途：**
糕饼表皮处理。

★ **创意变化：**
盛装咸甜馅料的塔皮。

★ **老师小叮咛：**
起酥皮经过烘烤后会变得膨胀酥松，所以如果要做成填装馅料的塔皮，就要在酥皮中间压上重物再烘烤。

变化料理 三文鱼酥皮塔

材料
三文鱼100克、起酥皮1片、洋葱末1大匙、香菜末1/2小匙

调味料
盐1/4小匙、美乃滋1小匙

做法
1. 三文鱼切成小丁，放入开水中烫熟，捞起沥干备用。
2. 将三文鱼丁和洋葱末、香菜末、调味料混合拌匀，分成4等份备用。
3. 将起酥皮分切成4片，压上重物后，放入预热的烤箱中，以100℃烤约2分钟后取出。
4. 在每片烤好的起酥皮上，分别填入一份做法2的三文鱼丁馅，再将起酥皮叠起即可。

起酥皮

★ **原始用途：**
糕点的表皮处理。

★ **创意变化：**
包卷海鲜馅料。

★ **老师小叮咛：**
冷冻保存的酥皮不妨先稍微退冰至较为柔软时再使用，包卷的时候较为方便，同时也能防止酥皮因为太硬而破碎或断裂。

变化料理 海鲜酥皮卷

材料
起酥皮3片、鲷鱼60克、虾仁100克、墨鱼60克、西芹末5克、洋葱末5克、蛋黄1颗

调味料
盐1/4小匙、胡椒粉1/4小匙

做法
1. 鲷鱼、虾仁、墨鱼均洗净，切成小丁，备用。
2. 热锅倒入少许油烧热，放入洋葱末和西芹末以小火炒出香味，再加入做法1的海鲜材料和所有调味料以小火炒至熟透，盛出备用。
3. 起酥皮分别铺平，中央各摆上适量海鲜料，包卷呈圆筒状，外皮以刷子均匀刷上蛋黄，移入烤盘备用。
4. 预热烤箱，放入做法3的材料，以上火200℃、下火150℃烤约3分钟至表面呈金黄色后取出。

起酥皮

★ **原始用途：**
糕点的表皮处理。

★ **创意变化：**
粥的配料。

★ **老师小叮咛：**
酥皮片的大小可随意调整，形状的大小不同，入口后的咀嚼感也会略有差异。

变化料理 酥皮玉米粥

材料
猪肉泥50克、米饭50克、玉米酱3大匙、芦笋段2根、起酥皮片适量

腌料
盐1/4小匙、胡椒粉1/4小匙、市售高汤800毫升

做法
1. 酥皮切小片，排入烤盘，移入预热好的烤箱以200℃烘烤约3分钟至蓬松酥脆，取出备用。
2. 将米饭和市售高汤放入小汤锅以中火煮匀，加入猪肉泥、玉米酱、盐和胡椒粉拌匀；改小火熬煮至饭粒变软且汤汁略收干，放入芦笋段续煮至变色，盛入碗中撒上烤好的酥皮片即可。

吉利丁片

★原始用途：
　　制作果冻、慕斯。

★创意变化：
　　利用凝固汤汁的特性
变化内馅的口感。

★老师小叮咛：
　　什锦海鲜料是指任选至少2种海鲜材料组合成内馅，如鱼肉、虾仁、墨鱼等分别处理好后，再切成相同大小的小丁。

变化料理 冰火海鲜饺

材料
什锦海鲜料共150克、大片馄饨皮5张、吉利丁片2片、红甜椒碎1/2小匙、四季豆4根、小西红柿适量

调味料
市售鸡高汤100毫升、盐1/4小匙、胡椒粉1/4小匙

做法
1. 四季豆切段洗净，放入开水中烫熟，捞出沥干；吉利丁片放入冰水中浸泡至软，取出挤干水分，备用。
2. 将什锦海鲜料洗净，处理干净后切小丁，与红甜椒碎一起放入热油锅中以中火炒熟，再加入所有调味料炒匀，熄火备用。
3. 将泡软的吉利丁片加入锅中趁热搅拌至溶化，盛出放凉，平均分为5份，移入冰箱中冷藏至形状固定，备用。
4. 大片馄饨皮分别摊开，各包入1份做法3的馅料，包紧收口后放入约150℃的热油锅中，以中火炸至外皮呈酥脆的金黄色，捞出沥油排入盘中，装饰上烫好的四季豆段与小西红柿即可。

指形饼干

★原始用途：
　　蛋糕装饰。

★创意变化：
　　可做成开胃菜或轻食小点。

★老师小叮咛：
　　蔬果中水分较多，因此在夹入饼干前，要先将多余水分沥干，否则饼干会变得软烂而丧失口感。

变化料理 手指小点心

材料
市售指形饼干4条、熏鸡肉30克、小黄瓜片4片、西红柿片4片、洋葱丝5克、美乃滋适量、粗黑胡椒粒适量、生菜丝适量、匈牙利辣椒粉少许

做法
1. 在指形饼干上挤入少许美乃滋。
2. 依序放上小黄瓜片、西红柿片、熏鸡肉、洋葱丝后，再挤上一层美乃滋。
3. 撒上少许粗黑胡椒粒，放上生菜丝后盖上另一条指形饼干，最后撒上少许匈牙利辣椒粉即可。

奶酪片

★原始用途：
　　糕点的夹馅。

★创意变化：
　　切碎后用以增加肉丸子的软嫩度。

★老师小叮咛：
　　当鸡肉丸子颜色炸至差不多呈金黄时，以锅铲略压，感觉起来有弹性且不会被压扁时即为熟透了。

变化料理 奶酪鸡肉丸

材料
鸡胸肉末300克、西芹末30克、胡萝卜末30克、奶酪片2片、鸡蛋1个

炸粉
盐1/4小匙、美乃滋1小匙

调味料
盐1/4小匙、胡椒粉1/4小匙

做法
1. 奶酪片切碎；将鸡胸肉末、鸡蛋、西芹末、胡萝卜末和所有调味料一起放入大碗中，加入奶酪碎拌匀，稍微摔打至较有弹性后，分挤成圆形小丸子约6个，备用。
2. 炸粉放入盘中拌匀，放入做法1的鸡肉丸子，均匀裹上一层炸粉，备用。
3. 锅中倒入适量油烧热至约150℃，放入鸡肉丸子，以中火炸至表面呈均匀金黄色且熟透，捞出沥油即可。

奶酪丝

★原始用途：
　　咸口味糕饼馅料。

★创意变化：
　　溶化后可搭配不同材料任意改变外形，好吃又有趣味。

★老师小叮咛：
　　奶酪丝加热至完全溶化即可，利用余温就可以拌匀。

变化料理 坚果奶酪

材料
什锦坚果50克、奶酪丝120克

做法
1. 什锦坚果平铺于烤盘中，放入已预热的烤箱中，以150℃烤约7分钟，取出放凉备用。
2. 取一不沾锅，放入奶酪丝及坚果，以小火慢慢搅拌，待奶酪丝溶化，与坚果充分混合后关火，倒入耐热保鲜膜中。
3. 包卷成适当大小的圆筒形，放凉至凝固定型后，切片盛盘即可。

黑砂糖露

★原始用途：
　　黑糖风味的糖浆，可冲泡饮品、加入面包点心里作调味料，或直接当淋酱淋在面包、松饼、点心或冰品等。

★创意变化：
　　黑砂糖露取代甘蔗，和猪脚一同熬煮更香浓。

变化料理 卤猪脚

材料
猪脚600克、葱段30克、姜片20克、红辣椒2个

调味料
水600毫升、黑砂糖露1/2小匙、酱油160毫升、细砂糖2大匙

做法
1. 将猪脚洗净剁小块，放入开水中余烫约2分钟后，捞起洗净备用。
2. 热锅下约1大匙色拉油，以小火爆香葱段、姜片和红辣椒后，移入汤锅中。
3. 再加入猪脚及所有调味料，以中火煮开后盖上锅盖，转小火持续煮约1小时后，关火闷约20分钟即可。

塔皮

芝麻饼干

材料
市售塔皮10个、白芝麻7克、黑芝麻7克

做法
1. 待塔皮放置于室温下自然软化后，将黑芝麻、白芝麻均匀揉入塔皮中，再擀成厚度约0.5厘米的饼皮。
2. 将饼皮用模型压模的同时，烤箱先以170℃预热3~5分钟。
3. 再以上火170℃、下火170℃烤15分钟后，转150℃再烤约10分钟即可。

★ **原始用途：**
　蛋塔或水果塔底层。

★ **创意变化：**
　加入果仁或水果干烤成饼干。

★ **老师小叮咛：**
　塔皮在室温下会变得很软，不容易压模定型，因此先将饼皮放入冰箱中冷冻约30分钟，待有些硬度后取出比较好压模。

Q心麻糬皮

Q心麻糬虎皮卷

材料
蛋黄11克、细砂糖40克、玉米粉30克、Q心麻糬皮5张、打发鲜奶油适量

做法
1. 先将蛋黄、细砂糖和玉米粉混匀，拌打呈乳白色，纹路颜色变深后，放入铺上白报纸的烤盘上。
2. 将烤盘放入上火200℃的烤箱中，烤约7分钟。
3. 取出烤好的虎皮蛋糕，涂抹上少许打发鲜奶油，再放上Q心麻糬皮，涂上少许打发鲜奶油，卷起来切块即可。

★ **原始用途：**
　大福的外皮。

★ **创意变化：**
　做虎皮卷内馅，方便使用又有口感。

★ **老师小叮咛：**
　要做出美观的虎皮卷，诀窍就在于烤箱的温度要高，用上火200℃。下火关掉的高温，外观即可产生美丽的纹路。

炼乳焦糖

炼乳焦糖烤鸡腿

材料
去骨鸡腿排1个

腌料
炼乳焦糖1/2大匙、盐1/4小匙、米酒1小匙

做法
1. 去骨鸡腿排加入所有混合的腌料腌约20分钟。
2. 将烤箱预热至180℃，放入腌鸡腿排，烤约10分钟后取出切片即可。

★ **原始用途：**
　炼乳焦糖和巧克力浆一样，可以加入饮料中调味或是当淋酱，可淋在水果、冰淇淋、松饼或面包上。

★ **创意变化：**
　用炼乳焦糖代替糖作为腌料，可让烤鸡腿吃起来味道更香浓。

芋泥馅

★原始用途：
　　糕饼内馅。

★创意变化：
　　善用芋头甜咸口味皆宜的特性，让料理更有味道

★老师小叮咛：
　　不同的芋头馅软硬度不太相同，若面团揉好后太湿软，可再适量加入一些低筋面粉揉匀。

变化料理 蛋黄芋枣

材料
芋泥馅300克、低筋面粉100克、沸水75毫升、咸蛋黄5个

腌料
盐1/4小匙、美乃滋1小匙

做法
1. 咸蛋黄放入盘中，移入蒸笼蒸约5分钟，取出放凉后切对半备用。
2. 低筋面粉放入碗中，冲入沸水拌匀，再加入芋泥馅一起揉成团，分割成每个约30克的小面团，分别包入咸蛋黄，揉成圆球状。
3. 热锅倒入适量油烧热至约150℃，依序放入做法2的小面团，以中小火炸至表面呈金黄色即可。

芋泥馅

★原始用途：
　　糕饼内馅。

★创意变化：
　　做成芋泥甜汤，滋味更香浓，可轻松掌握浓稠口感。

★老师小叮咛：
　　喜欢浓稠的芋泥汤底者，稍微减少水量即可，不过芋泥汤在冷却后会变得更为浓稠，所以水量太少会使口感很腻。

变化料理 芋泥西米露

材料
芋泥馅200克、西米25克

调味料
鲜牛奶50毫升

做法
1. 汤锅倒入约1000毫升水烧沸，加入西米拌匀，再次煮滚后转小火，续煮约12分钟至西米心剩一小白点，关火后以冷开水冲凉，沥干备用。
2. 另取一汤锅，加入250毫升的水、芋泥馅和鲜牛奶，用搅拌器搅打均匀，再以小火煮滚，放入西米拌匀即可。

芋泥馅

★原始用途：
　　糕饼内馅。

★创意变化：
　　松软绵密口感的面皮替代品。

★老师小叮咛：
　　市售的芋头豆沙可以直接食用，但若喜欢口感更加绵密，可以喷少许水微波30秒，或用电饭锅蒸热。

变化料理 芋头泥包咖喱肉松

材料
芋泥馅100克、肉松50克、咖喱粉1小匙

做法
1. 将肉松与咖喱粉混合拌匀备用。
2. 取约5克做法1的肉松，包入20克的芋泥馅中。
3. 将做法2的材料以模型挤压定型后，即可取出食用。

热带水果酱

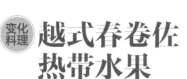

★原始用途:
　　蛋糕内馅。

★创意变化:
　　可制成沙拉淋酱或蘸酱。

★老师小叮咛:
　　越式米皮沾水后会变得湿黏，因此以湿纸巾铺在底下，可避免沾粘，也较容易卷起成形。

变化料理 越式春卷佐热带水果

材料
越式米皮3张、红辣椒1个、生菜50克、杏鲍菇1个、莴苣适量、蒜头3粒、粗黑胡椒粒适量、盐适量、食用油少许、热带水果酱50克、凉开水50毫升、柠檬汁30毫升

做法
1. 将热带水果酱用凉开水稍加稀释后，再加入柠檬汁调匀备用。
2. 红辣椒、生菜、莴苣、杏鲍菇洗净切丝；蒜头切末备用。
3. 用少许的油将蒜末爆香，再加入杏鲍菇炒软，以粗黑胡椒粒、盐调味。
4. 将一张厨房纸巾和越式米皮以凉开水沾湿后，把越式米皮放在湿纸巾上。
5. 在越式米皮上放上适量的生菜丝、莴苣、红辣椒丝及杏鲍菇。
6. 最后将越式米皮卷起、切段，食用时蘸上做法1的蘸酱即可。

菠萝馅

★原始用途:
　　菠萝酥。

★创意变化:
　　腌肉或作酱汁。

★老师小叮咛:
　　菠萝馅富有酵素，拿来腌肉可让肉质变得松软，但要记得控制时间，不要腌太久，免得鸡腿肉质过于松散，吃起来没有口感。

变化料理 菠萝鸡腿佐菠萝松子酱

材料
仿土鸡腿1个

腌料
米酒1大匙、五香粉1小匙、盐1小匙、菠萝馅1小匙

酱汁
细砂糖1小匙、盐1小匙、菠萝馅2大匙、水8大匙、柠檬汁1大匙、松子1大匙、红辣椒碎1小匙

做法
1. 仿土鸡腿中加入腌料的米酒、五香粉、盐腌一个晚上，再加入1小匙菠萝馅腌30分钟，再放入平底锅中煎熟，捞起盛盘备用。
2. 锅中加入少许油（材料外），将红辣椒碎爆香，加入酱汁材料的细砂糖、盐、菠萝馅和水煮至沸腾。
3. 起锅前再加入柠檬汁及松子略拌，淋在煎熟的鸡腿上即可。

土菠萝酱

★ **原始用途：**
　菠萝酥内馅。

★ **创意变化：**
　用于制作烤肉酱，增加色泽的亮度与透明感。

★ **老师小叮咛：**
　鸡翅取出涂抹烤肉酱时动作要快，否则鸡翅会很快降温，再次烘烤时就不容易熟透和入味，吃起来口感会变得比较干硬。

变化料理 果香烤鸡翅

材料
鸡翅10支

调味料
A.盐1/2小匙、米酒2大匙、白胡椒粉1/4小匙
B.土菠萝酱50克、蒜仁20克、姜片20克、酱油膏80克、细砂糖1大匙、米酒2大匙、水2大匙

做法
1. 鸡翅洗净沥干水分，放入碗中加入调匀的调味料A拌匀并腌约30分钟。
2. 将所有调味料B放入果汁机中，以高速搅打均匀，倒出作为烤肉酱备用。
3. 将鸡翅平铺于烤盘上，放入预热的烤箱中，以250℃烤约8分钟，取出均匀涂上烤肉酱，再放入烤箱中续烤约5分钟后取出即可。

土菠萝酱

★ **原始用途：**
　菠萝酥内馅。

★ **创意变化：**
　取代新鲜菠萝，增添料理的鲜嫩与香气。

★ **老师小叮咛：**
　土菠萝酱的甜味比新鲜菠萝高，料理之前最好先试过土菠萝酱的甜度，再视情况调整细砂糖的用量，以免汤汁变得过甜腻。

变化料理 菠萝烧鱼

材料
鲜鱼1条（约300克）、葱丝10克、洋葱丝20克、姜末15克

调味料
红辣椒酱2大匙、土菠萝酱30克、水200毫升
椰浆50毫升、盐1/4小匙、细砂糖1/2小匙

做法
1. 土菠萝酱与水放入碗中调匀；鲜鱼洗净沥干后两面各划1刀，放入以3大匙色拉油烧热的油锅中，以小火煎至两面酥脆。
2. 锅底留少许油，续以小火烧热，放入葱丝、洋葱丝和姜末略炒，再加入红辣椒酱续炒出香气。
3. 将煎好的鱼放入锅中，再加入做法1的酱汁、椰浆、盐和细砂糖，稍微拌匀后盖上锅盖，以小火焖煮约5分钟至鱼肉熟透即可。

金桔菠萝膏

★ **原始用途：**
　做菠萝酥。

★ **创意变化：**
　做成创意凉面酱汁。

变化料理 金桔菠萝凉面

材料
市售凉面150克、小黄瓜1/3个、胡萝卜1/3个、海苔片1片、蛋皮1片、七味粉适量

腌料
金桔菠萝膏3大匙、水10大匙、芝麻酱2大匙、酱油1大匙、香油1小匙、美乃滋1大匙、蒜泥1小匙

做法
1. 小黄瓜、胡萝卜洗净切丝浸泡饮用水；海苔片剪细丝放入保鲜盒中；蛋皮切丝备用。
2. 将金桔菠萝膏和水加热煮滚，冷却后再加入芝麻酱、酱油、香油、美乃滋和蒜泥拌匀，即成金桔菠萝酱汁。
3. 将市售凉面卷成团盛盘，排入做法1的所有材料，淋上金桔菠萝酱汁，撒上少许七味粉。

苹果派馅

 **苹果炒鸡肉** 变化料理

材料
鸡胸肉1/2副、粗地瓜粉适量、红甜椒1/3个、黄甜椒1/3个、洋葱1/3个、蒜末适量、苹果派馅3大匙

腌料
米酒1小匙、盐1小匙、水1小匙、白胡椒粉1小匙

调味料
细砂糖3大匙、白醋2大匙、盐1小匙

做法
1. 鸡胸肉洗净切成块状，加入混合拌匀的腌料材料中，腌30分钟后，沾裹粗地瓜粉，放入油温160℃的油锅中炸至上色，捞起沥油备用。
3. 红甜椒、黄甜椒和洋葱洗净切片，放入油锅中过油，捞起沥油备用。
4. 锅中留少许油，放入蒜末爆香，再加入调味料和做法2、做法3的所有材料快炒拌匀，最后加入苹果派馅炒匀即可盛盘。

★**原始用途：**
做烘焙西点或蛋糕的夹层内馅。

★**创意变化：**
和鸡肉一起料理，酸甜又开胃。

蜜苹果罐头

 蜜苹果拔丝 变化料理

材料
苹果罐头1罐、食用油适量、细砂糖120克、水60毫升、苹果西打1瓶

腌料
玉米粉100克、低筋面粉100克、泡打粉1/4小匙、水160毫升

做法
1. 将面糊材料混合拌匀。
2. 起油锅至油温160℃左右，将蜜苹果沾上做法1的面糊，放入锅中炸至上色后捞起备用。
3. 将细砂糖与水一起煮至约160℃，呈虎珀色后熄火。
4. 将蜜苹果放入做法3的糖浆中沾至均匀，即可捞起盛盘，之后也可沾苹果西打一起食用。

★**原始用途：**
蛋糕装饰。

★**创意变化：**
与味道强烈的食材相互搭配。

★**老师小叮咛：**
盛盘时在盘子上抹少许油，当沾裹着糖浆的蜜苹果冷却时，才不会沾粘在盘子上。

芒果泥

 芒果泥凉面 变化料理

材料
天使发面100克、盐1大匙、橄榄油适量、水适量

腌料
橄榄油适量、罗勒碎5克、红辣椒碎10克、蒜末10克、盐1/2小匙、芒果泥50克、芒果丁100克、水160毫升

做法
1. 水煮滚后加入1大匙的盐和适量橄榄油，将天使发面放入煮至全熟。
2. 将天使发面沥干水分，趁热拌入酱汁材料中的橄榄油、罗勒碎、红辣椒碎、蒜末和盐后盛盘。
3. 再淋上芒果泥和放上芒果丁即可。

★**原始用途：**
慕斯蛋糕。

★**创意变化：**
作为面食或凉菜的凉拌酱汁。

★**老师小叮咛：**
在煮面时加点盐，除了可以让面条更有弹性外，还能增加面条的咸味。

蓝莓派馅

★原始用途：
　　将所有材料放入果汁机中，拌打成细冰沙即可。

★创意变化：
　　蓝莓馅用来打冰沙，简单方便风味佳。

★老师小叮咛：
　　用果汁机打冰沙，要用慢速间歇的开关方式进行，记得要选用马力大的较适合打冰沙的果汁机，免得把果汁机打坏。

变化料理 蓝莓冰沙

材料

蓝莓派馅	4大匙
冰块	300克
果糖	2大匙
柠檬汁	2大匙

做法
　　将所有材料放入果汁机中，拌打成细冰沙即可。

蓝莓派馅

★原始用途：
　　水果派馅料。

★创意变化：
　　制作水果风味沙拉酱，可以使蔬菜吃起来更鲜脆，海鲜材料更鲜嫩。

★老师小叮咛：
　　担心沙拉酱热量过高的话，也可选择无糖酸奶搭配蓝莓派馅，做成蓝莓酸奶沙拉酱，口味更清爽健康。

变化料理 蓝莓沙拉虾

材料
熟甜虾12只、生菜100克、红甜椒及黄甜椒片共40克、小黄瓜片5片、西红柿片3片、豌豆芽少许

调味料
美乃滋3大匙、蓝莓派馅4大匙

做法
1. 熟甜虾剥去虾头及虾壳，留下虾尾备用。
2. 生菜洗净切粗丝，泡冰水后沥干，和小黄瓜片、西红柿片、红甜椒片、黄甜椒片、豌豆芽及熟甜虾一起排入沙拉碗中。
3. 将所有调味料放入碗中拌匀成蓝莓沙拉酱，取适量淋入做法2的沙拉碗中，食用时拌匀即可。

蓝莓派馅

★原始用途：
　　水果派馅料。

★创意变化：
　　制作水果风味烧肉酱汁，使肉质鲜嫩，同时水果颗粒让口感更具层次感。

★老师小叮咛：
　　腌肉块沾上淀粉后，稍微抓捏一下，可以让表皮沾料较厚，油炸后口感会更酥脆。

变化料理 蓝莓咕咾肉

材料
猪里脊肉块300克、红甜椒及黄甜椒块40克、小黄瓜块40克、淀粉100克

腌料
A. 盐1/6小匙、淀粉1小匙、米酒1大匙、蛋清1大匙
B. 白醋1大匙、蓝莓派馅2大匙、水3大匙、细砂糖1大匙
C. 香油1大匙

做法
1. 将猪里脊肉块放入碗中，加入调味料A抓匀并腌渍约5分钟。
2. 将做法1的猪里脊肉裹上淀粉并抓捏至紧实，放入400毫升热油中以小火炸约4分钟至熟透，捞出沥油备用。
3. 另取一锅倒入少许油烧热，加入红甜椒块、黄甜椒块、小黄瓜块略炒，再加入调味料B以小火煮滚，加入做法2的炸肉块迅速翻匀，关火后淋入香油拌匀。

红梅子粉

★ 原始用途：
　水果沾粉。

★ 创意变化：
　做成酱汁增添风味。

★ 老师小叮咛：
　若要梅子蛋煮得更入味，当蛋清煮至凝固就可以把蛋壳敲裂，让梅子汁流入半熟的蛋清里面，续煮至凝固，风味更佳。

变化料理 梅子蛋

材料
鸡蛋5个、梅子酱汁适量

调味料
水1000毫升、红梅子粉30克、干梅子粉30克、绿茶包1包

做法
1. 将所有材料拌匀（绿茶包需取出），和清洗好的鸡蛋混匀放至炉上，以中小火煮7分钟。
2. 将做法1的白煮蛋捞起，敲裂蛋壳再继续煮8分钟，即可关火放至冷却，再放入冰箱中冷藏1天。
3. 食用时再淋上梅子酱汁即可。

梅子酱汁

材料：
A. 水100毫升、红梅子粉10克、细砂糖10克
B. 玉米粉水适量〔玉米粉：水=3：1〕

做法：
　将材料A所有材料拌匀，煮滚后再用玉米粉水勾芡即可。

梅子粉

★ 原始用途：
　水果沾料。

★ 创意变化：
　做糖醋酱汁原料

★ 老师小叮咛：
　喜欢吃口感较嫩的炒蛋，可以在蛋炒到半熟时，加入一小匙水或高汤，就能炒出软嫩而不烂糊的炒蛋了。

变化料理 梅子虾仁炒蛋

材料
梅子粉1/2大匙、虾仁30克、鸡蛋3个、葱段适量

调味料
盐1/4小匙

做法
1. 将鸡蛋打散成蛋液后，加入调味料拌匀。
2. 取平底锅，加入少许食用油，待油烧热后，放入虾仁、梅子粉和葱段炒香。
3. 接着倒入蛋液，以大火炒熟即可。

蔓越莓干

★原始用途：
饼干馅料。

★创意变化：
可增加料理中的果香和天然酸甜味。

变化料理 蔓越莓核桃烤鸡腿卷

材料
蔓越莓30克、核桃20克、鸡腿1个

腌料
盐1/4小匙、胡椒粉1/4小匙

做法
1. 将鸡腿去骨后洗净加入调味料中腌渍约10分钟。
2. 取出腌好的鸡腿，摊平后在内层，铺上蔓越莓、核桃后，卷紧以牙签做固定封口。
3. 烤箱预热后，放入鸡腿卷，以上火150℃、下火150℃烤约15分钟，待肉熟透后取出，放凉切片即可。

酒渍樱桃

★原始用途：
蛋糕内层夹馅或装饰。

★创意变化：
做肉卷的内馅，增加香气并使肉质更鲜嫩。

★老师小叮咛：
锅中的油不用过多，肉卷快煎熟的时候，还可以加酒渍樱桃的汤汁，香气会更浓郁；带点酱汁肉卷也比较不会显得干硬。

变化料理 酒渍樱桃里脊卷

材料
猪里脊肉片2片、酒渍樱桃2大匙、红甜椒丝5克、四季豆段40克

腌料
盐1/4小匙、胡椒粉1/4小匙

做法
1. 四季豆段洗净，放入开水中烫熟，捞出沥干，备用。
2. 猪里脊肉片洗净沥干，排入盘中均匀撒上所有调味料，依序放入红甜椒丝和四季豆段，再均匀排入酒渍樱桃，卷起以牙签固定形状，备用。
3. 热锅倒入少许油烧热，放入猪里脊肉卷，以小火煎至猪里脊肉均匀变色、形状固定且熟透，盛出沥油，取下牙签即可。

酒渍水果丁

★原始用途：
糕饼甜点装饰。

★创意变化：
以水果丁的鲜艳色泽与酒香，让简单的海鲜料理更鲜嫩丰富。

★老师小叮咛：
沙拉酱遇热会变稀，所以锅不用烧得太热，翻拌的时间也不宜过长，才能保持虾仁的脆度且均匀入味。

变化料理 果丁虾仁

材料
草虾仁200克、酒渍水果丁50克、淀粉1碗

腌料
A.盐1/6小匙、蛋清1大匙、淀粉1大匙
B.沙拉酱2大匙

做法
1. 虾仁洗净沥干水分，以刀从虾背划开至深约1/3处，放入拌匀的调味料A中抓匀并腌渍约2分钟，备用。
2. 热锅倒入适量油烧热至约180℃，将虾仁均匀裹上淀粉；另起一锅烧热，倒入虾仁及酒渍水果丁，均匀淋入沙拉酱翻拌均匀即可。

酥油

★原始用途：
做烘焙糕点。

★创意变化：
制成抹酱涂面包。

变化料理 蒜味抹酱面包

材料
酥油200克、盐12克、细砂糖5克、蒜泥50克、意大利什锦香料1小匙

腌料
法式面包1条、二砂糖适量、匈牙利辣椒粉适量

做法
1. 将材料A的所有材料混合拌匀成蒜味抹酱，备用。
2. 将法式面包切成厚片，抹上蒜味抹酱，撒上适量的二砂糖。
3. 再放入200℃的烤箱中烤至上色，上桌时撒上匈牙利辣椒粉即可。

白油

★原始用途：
糕饼酥馅。

★创意变化：
增加冰品口感和顺滑度。

变化料理 芋香冰淇淋

材料
白油20克、牛奶50毫升、芋头馅150克、油葱酥1/2小匙、葱末1/4小匙

调味料
细砂糖100克、盐1/4小匙

做法
1. 将白油、牛奶和所有的调味料放入锅中加热至溶解后，加入芋头馅以小火煮沸至浓稠。
2. 放凉后以搅拌器搅拌一下，再盛装于容器内，在上面撒上油葱酥和葱末。
3. 放入冰箱上层至冷冻凝结即可。

布丁粉

★原始用途：
做布丁。

★创意变化：
快速做布丁塔馅。

变化料理 鸡蛋布丁塔

材料
市售塔皮10个、布丁粉30克、水300克、打发鲜奶油100克、猕猴桃丁1个、酒渍樱桃10个

做法
1. 先将市售塔皮放入烤箱中，以上火180℃、下火180℃烤5~8分钟至塔皮上色。
2. 将布丁粉、水拌匀加热煮滚后，放入冰箱中冷藏1小时。
3. 将做法2冷藏后的材料与打发鲜奶油拌匀后，取适量填入塔皮中，再放入冰箱中冷藏10分钟，取出放上猕猴桃丁和酒渍樱桃即可。

图书在版编目（CIP）数据

在家学烘焙 / 杨桃美食编辑部主编 . -- 南京 : 江
苏凤凰科学技术出版社 , 2016.12
（含章·好食尚系列）
ISBN 978-7-5537-5221-1

Ⅰ . ①在… Ⅱ . ①杨… Ⅲ . ①烘焙 – 糕点加工 Ⅳ .
① TS213.2

中国版本图书馆 CIP 数据核字 (2015) 第 186810 号

在家学烘焙

主　　　编	杨桃美食编辑部	
责 任 编 辑	张远文　　葛　昀	
责 任 监 制	曹叶平　　方　晨	

出 版 发 行	凤凰出版传媒股份有限公司 江苏凤凰科学技术出版社
出版社地址	南京市湖南路 1 号 A 楼，邮编：210009
出版社网址	http://www.pspress.cn
经　　　销	凤凰出版传媒股份有限公司
印　　　刷	北京富达印务有限公司

开　　　本	787mm × 1092mm　1/16
印　　　张	18.5
字　　　数	240 000
版　　　次	2016年12月第1版
印　　　次	2016年12月第1次印刷

标 准 书 号	ISBN 978-7-5537-5221-1
定　　　价	45.00元

图书如有印装质量问题，可随时向我社出版科调换。